黑龙江省自然科学基金项目(LH2019E113)资助
哈尔滨学院青年博士科研启动基金项目(HUDF2017211)资助

反应型含磷阻燃固化剂合成工艺及阻燃环氧树脂材料研发

张宏坤　著

U0337893

中国矿业大学出版社

·徐州·

图书在版编目(CIP)数据

反应型含磷阻燃固化剂合成工艺及阻燃环氧树脂材料
研发 / 张宏坤著. —徐州：中国矿业大学出版社，
2020.12

ISBN 978 - 7 - 5646 - 4668 - 4

Ⅰ. ①反… Ⅱ. ①张… Ⅲ. ①有机磷化合物－阻燃剂
－研究 Ⅳ. ①TQ569

中国版本图书馆 CIP 数据核字(2020)第 210001 号

书　　名	反应型含磷阻燃固化剂合成工艺及阻燃环氧树脂材料研发
著　　者	张宏坤
责任编辑	褚建萍
出版发行	中国矿业大学出版社有限责任公司
	（江苏省徐州市解放南路　邮编 221008）
营销热线	（0516）83884103　83885105
出版服务	（0516）83995789　83884920
网　　址	http://www.cumtp.com　**E-mail**：cumtpvip@cumtp.com
印　　刷	江苏淮阴新华印务有限公司
开　　本	787 mm×1092 mm　1/16　**印张** 9　**字数** 180 千字
版次印次	2020 年 12 月第 1 版　2020 年 12 月第 1 次印刷
定　　价	40.00 元

（图书出现印装质量问题,本社负责调换）

前　言

环氧树脂材料具有优异的机械性能和耐酸碱腐蚀等化学稳定性能,因而被大量应用于涂料、铸造、黏合剂、复合材料、半导体密封材料、电器设备的绝缘材料等领域。但环氧树脂固化物的易燃性使其应用受到了限制。传统环氧树脂的阻燃方法是使用含卤阻燃剂进行阻燃,虽然含卤阻燃剂在环氧树脂阻燃上发挥了极好的阻燃作用,但存在燃烧时释放有毒和腐蚀性气体等问题。含磷阻燃剂具有环境友好和高效等特点被认为是可代替含卤阻燃剂的重要化合物。近年来,含磷阻燃剂的研究已经成为阻燃研究领域的热点课题。

本书以二苯基氧磷为原料,设计合成了三种新型含磷阻燃固化剂:二苯基-(2,5-二羟基-苯基)-氧化磷(DPDHPPO),二苯基-(1,2-二羧基-乙基)-氧化磷(DPDCEPO)和二苯基-(2,3-二羧基-丙基)-氧化磷(DPDCPPO)。采用傅立叶变换红外光谱(FTIR)和 ^{1}H、^{13}C、^{31}P 核磁共振波谱(NMR)对三种阻燃固化剂的化学结构进行了表征和分析。研究了反应物配比、反应温度、反应时间、溶剂用量和溶剂种类对产品产率的影响,并优化了反应条件。采用热失重分析(TGA)研究了三种阻燃固化剂的热降解行为,结果表明三种阻燃固化剂具有较低的热稳定性和成炭性能。

分别将 DPDHPPO、DPDCEPO 和 DPDCPPO 用作部分固化剂制备阻燃环氧树脂材料,并对其采用垂直燃烧(UL-94)、极限氧指数(LOI)、锥形量热仪(CONE)、热重分析(TGA)、扫描电子显微镜(SEM)、X-射线电子能谱分析(XPS)和热重-红外联机分析仪(TGA-FTIR)进行测试和分析。LOI 和 UL-94 测试结果表明,EP/60% PDA/40% DPDHPPO、EP/80% PA/20% DPDCEPO 和 EP/80% PA/20% DPDCPPO 体系的 LOI 值可分别达到 31.9%、33.2%和 33.2%,并能通过 UL-94 V-0 级的评测。CONE 测试结果表明,EP/60% PDA/40% DPDHPPO、EP/80% PA/20% DPDCEPO 和 EP/80% PA/20% DPDCPPO 体系的热释放速率(HRR)和总热释放量(THR)等主要参数与未阻燃环氧树脂材料相比都有明显的降低,而残炭量有小幅度的提高。通过氮气和空气气氛下的热重分析结果表明,EP/60% PDA/40% DPDHPPO、EP/80% PA/20% DPDCEPO 和 EP/80% PA/20% DPDCPPO 体系的初始降解温度与未阻燃环氧树脂材料相比有所降低,但残炭量有所升高。SEM 结果表明,阻燃固化剂的加入使环氧树脂材料成炭能力提高并形成起到保护作用的炭层。XPS 结果表明,阻燃固化剂在降解过程中生成的磷酸类物质促进了环氧树脂材料成炭。TGA-FTIR 结果表明,环氧树脂材料在降解过程中有含磷化合物挥发到气相中。力学性能测试表明,EP/60% PDA/40% DPDHPPO、EP/80% PA/20% DPDCEPO 和 EP/80% PA/20% DPDCPPO 体系与未阻燃环氧树脂材料相比较,其弯曲强度、拉伸强度和冲击强度都呈现下降的趋势。EP/60% PDA/40% DPDHPPO、EP/80% PA/20% DPDCEPO 和 EP/80% PA/20% DPDCPPO 体系耐水性测试结果表明,随着阻燃固化剂含量的增加,环氧树脂的吸水率逐渐降低,水处理对材料的阻燃性能、燃烧行为、热稳定性能和力学性能的影响较小。

木质素是一种良好的成炭剂,且其分子结构中含有酚羟基、醇羟基等活性基团,利用这一特点,使用木质素替代不同配方中的邻苯二甲酸酐制备出一系列的环氧树脂固化物。采用垂直燃烧、极限氧指数、锥形量热仪、热重分析、扫描电子显微镜和热重-红外联机分析仪(TGA-FTIR)对其进行测试和分析。LOI 和 UL-94 测试表明,木质素的加入能够提高材料的 LOI 值和阻燃级别。CONE 测试结果表明,EP/65% PA/20% DPDCEPO/15% Lignin 体系的 PHRR 和 THR 等主要参数与 EP/80% PA/20% DPDCEPO 体系相比有所降低,残炭量有所提高。氮气和空气下热重分析测试结果表明,木质素的加入使环氧树脂材料的初始降解温度降低,残炭量升高。SEM 测试结果表明,木质素的加入使环氧树脂材料的成炭能力增强。TGA-FTIR 结果表明,环氧树脂材料在高温降解时仍有含磷化合物挥发到气相中。力学性能测试表明,随着木质素含量的增加,材料的弯曲强度、拉伸强度和冲击强度均有所降低。

本书的编写得到了黑龙江省自然科学基金(项目编号:LH2019E113)和哈尔滨学院青年博士科研启动基金项目(项目编号:HUDF2017211)的支持,在此表示感谢!

由于编者水平所限,书中错误和不妥之处在所难免,诚恳希望读者批评指正。

著　者

2020 年 10 月

目　　录

1　绪　　论

1.1　环氧树脂阻燃研究的必要性

自 20 世纪 30 年代德国著名科学家 H. Staudinger 提出高分子科学后,高分子材料以惊人的速度在全世界范围内得到了快速的发展。高分子材料因质量轻、强度好、耐酸碱腐蚀等特点,被广泛应用于工业、农业、军事、电器等领域。但随着高分子材料的发展,高分子材料的易燃性、燃烧过程中火焰传播速度的快速性等使人类不断面临火灾威胁。据美国消防管理局(U. S. Fire Administration)的火灾统计表明,2000—2010 年,美国住宅火灾致死人数占美国全部火灾致死人数的 83%,伤重人数占总火灾受伤人数的 79%,其中绝大部分火灾的发生与高分子材料的引燃有直接关系。在美国权威部门的数据统计中,美国每年因火灾死亡的人数达到 6 000 人左右,受伤的人数有 30 000 人左右,直接造成的经济损失在 100 亿美元以上[1]。在欧洲火灾数据统计中,火灾中死亡人数每年超过 5 000 人,火灾直接造成的经济损失为整个欧洲 GDP 的 0.2%。据不完全估计,目前发达国家由于火灾直接造成的经济损失约为 GDP 总额的 0.1%～0.2%,间接造成的经济损失有时能达到 GDP 总额的 1%[2]。中国近年发生火灾的次数呈现上升趋势,应急管理部消防救援局发布信息显示:2020 年全国火灾共计发生 25.2 万起,死亡 1 183 人,受伤 775 人,直接财产损失 40.09 亿元,其中部分火灾由高分子材料的燃烧所致。

在众多高分子材料中,环氧树脂具有耐腐蚀、高强度、黏接性强、耐热、电气绝缘性以及市场价格低廉等特点,因而在胶黏剂、涂料、电子电气、土建、农业、航空航天、船舶运输等领域受到了青睐并被广泛使用[3-14]。20 世纪 90 年代以来,电子工业得到了迅速的发展,短小、精薄、功能多样化、高性能和低成本化成为电子产品发展的主流,这就对印制电路板基础材料的覆铜箔层压板提出更高的要求,其中材料的阻燃性、耐水性、耐热性等性能是覆铜箔层压板几个非常重要的性能指标,因而开展覆铜箔层压板研究的重要性和迫切性引起了世界的广泛关注[13,15-16]。而环氧树脂作为覆铜箔层压板中的基体材料,存在耐水性差、易燃烧及离火后不能自主熄灭等缺点,这些缺点也导致了环氧树脂材料的应用受到了一定的限制。在过去的几年里,以卤化环氧树脂为主要基材的覆铜箔层压板,以其优异的阻燃性能和物理性能被广泛使用。然而,卤系阻燃剂给阻燃材料带来变革的同时,也引发了一系列的问题,其中最主要的是卤系阻燃材料在受热或发生火灾燃烧时会连续产生腐蚀性较强、有毒的气体和烟雾,给人们带来灾害的同时,也间接对环境造成了污染。此外,这些问题也减少了精密仪器的使用寿命,特别是溴的存在会破坏电子元件的焊接点而使其应用受到限制,尤其是一些高新技术产业中,卤化材料的使用受到了严格的限制,如欧盟宣布从 2006 年 7 月 1 日起开始停止在电子产品中使用溴系阻燃剂[16]。2003 年欧盟 RoHS 和 WEEE 两个指令颁布后,在我国商务部中国机电产品进出口商会举行,明确了我国的应对方针与措施,大力发展无卤阻燃技术的研究与相应产品的开发力度。因此,开发新型无卤、环保、热稳定性好、阻燃效率高的电子产品已经成为研究的热点。而环氧树脂作为电子产品用树脂基料,不断研究和开发高阻燃性能的环氧树脂材料对于扩大其使用范围、降低火灾带来的危害都具有十分重要的意义。在近些年的研究中,含磷阻燃环氧树脂材料在使用过程中,表现出良好的耐热性及阻燃性能,且其产生腐蚀性和有毒气体的量相对较少,被认为是今后阻燃环氧树脂材料的发展方向之一[17-40]。

1.2 聚合物的燃烧过程与磷系阻燃剂阻燃机理

1.2.1 聚合物的燃烧过程

从宏观角度来看,聚合物材料的燃烧过程一般分为加热、分解、引燃、燃烧和燃烧的传播五个阶段[41,42],具体主要包括以下几个方面:

(1) 聚合物材料在外部热源作用下,其温度逐渐升高。外部热源包括热的固态物质、火焰和灼热气体等。

(2) 待温度达到分解(有氧)和热解(无氧)温度时,聚合物的化学键发生断裂,释放出可燃气体和不可燃气体。可燃气体包括甲烷、乙烯和一氧化碳等,不可燃气体包括二氧化碳、氨气和水蒸气等。此外,在燃烧过程中还伴随一些微小的固体颗粒一起释放出来。

(3) 可燃气体与空气混合,在引燃热源存在的前提下,气体被引燃,聚合物材料开始燃烧。

(4) 燃烧产生的热量使聚合物持续分解,当燃烧产生的可燃气体浓度能够维持体系燃烧的上限时,燃烧将持续进行。当燃烧到达此阶段时,燃烧反应已经不仅是通过自我控制,而是通过对材料的阻燃让火焰自动熄灭。

(5) 当材料的燃烧达到一定程度时,燃烧产生的热量达到周围物质的着火点,周围的物质即被引燃,此时燃烧开始向周围迅速传播,形成更大的火势,造成火灾事故的发生。

从微观角度来看,燃烧主要是受到 H· 与 HO· 引发的一连串自由基反应,对于一般聚合物材料而言,其反应机理可概述如下[43]:

(1)在热的作用下,材料中的 C—C 与 C—H 键断裂,产生烷基自由基与氢自由基。

$$RCH_3 \longrightarrow RCH_2 \cdot + H \cdot$$
$$RCH_2CH_2R' \longrightarrow RCH_2 \cdot + R'CH_2 \cdot$$

(2)烷基自由基与空气中的氧反应生成过氧基,过氧基继续夺取材料中的氢,生成烷基自由基与过氧化氢,或者过氧基分解成醛和氢氧自由基。

$$RCH_2 \cdot + O_2 \longrightarrow RCH_2OO \cdot$$
$$RCH_2OO \cdot + R'CH_3 \longrightarrow RCH_2OOH + R'CH_2 \cdot$$
$$RCH_2OO \cdot \longrightarrow RCHO + OH \cdot$$

(3)过氧化合物分解成烷氧自由基和氢氧自由基,烷氧自由基或氢氧自由基夺取材料中的氢,而生成烷基自由基与醇或水。

$$RCH_2OOH \longrightarrow RCH_2O \cdot + OH \cdot$$
$$RCH_2O \cdot + R'CH_3 \longrightarrow RCH_2OH + R'CH_2 \cdot$$
$$OH \cdot + RCH_3 \longrightarrow RCH_2 \cdot + H_2O$$

(4)醛与烷基自由基或氢氧自由基作用生成酰基自由基与碳氢化物或水,活泼的酰基自由基脱除 CO 生成少一个碳的烷基自由基,然后再继续和氧作用,重复第二个步骤。

$$RCH_2 \cdot + R'CHO \longrightarrow RCH_3 + R'CO \cdot$$
$$OH \cdot + RCHO \longrightarrow H_2O + RCO \cdot$$
$$RCO \cdot \longrightarrow CO + R \cdot$$

(5)聚合物材料经过上述循环反应后,不断地热降解,最后都转变成甲醛,这时甲醛则进行分解或直接燃烧。

$$HCHO \longrightarrow CO + H_2$$
$$HCHO + O_2 \longrightarrow CO_2 + H_2O$$
$$OH \cdot + CO \longrightarrow CO_2 + H \cdot$$
$$H \cdot + O_2 \longrightarrow HO \cdot + O \cdot$$

(6)当分解产物一氧化碳达一定浓度后,会与氢氧自由基反应生成二氧化碳与氢自由基,同时放出大量的热,氢自由基与氧分子反应又可再生成氢氧自由基,这样便可使燃烧不断进行。

1.2.2 磷系阻燃剂阻燃机理

由上述聚合物材料燃烧过程可以看出,H· 与 HO· 自由基是维持连锁反应的关键,这两个自由基的浓度越大,燃烧反应的速度就会越快;反之,燃烧会变慢或者停止。因此只要能够在气相中捕捉住 H· 与 HO·,就可以阻止聚合物材料的燃烧。根据影响燃烧的区域,磷系阻燃剂的阻燃机理分为气相阻燃机理和凝聚相阻燃机理[41,44,45]。

1.2.2.1 气相阻燃机理

气相阻燃机理是指在材料燃烧过程中释放的自由基干扰了聚合物的链支化反应,从而实现阻燃作用[46]。磷系阻燃剂的气相阻燃机理如下所示:

$$P \cdot Compounds \xrightarrow{[O]} H_3PO_4$$

$$H_3PO_4 \longrightarrow HPO_2 + PO \cdot + 其他$$

$$H \cdot + PO \cdot \longrightarrow HPO$$

$$HPO + H \cdot \longrightarrow H_2 + PO \cdot$$

$$PO \cdot + HO \cdot \longrightarrow HPO + O_2$$

$$HO \cdot + H_2 + PO \cdot \longrightarrow HPO + H_2O$$

当燃烧过程主要取决于链支化反应(如 $H \cdot + O_2 \longrightarrow OH \cdot + O \cdot$)时,PO·自由基是减缓燃烧或者终止燃烧的关键所在。通过对三苯基氧化磷阻燃的高分子材料的热分解产物进行质谱分析,证实了 PO·自由基在气相分解产物中的存在[47,48]。

除上述机理外,阻燃材料在受热分解或者发生燃烧时,会不断产生大量的不可燃气体或高密度蒸气,前者可以稀释可燃气体和氧气,同时也起到降低可燃气体温度的作用,致使燃烧过程终止。而后者则可覆盖于可燃气体上减少可燃气体与氧气的接触机会,使燃烧停止[41,42,49]。此外,燃烧过程中生成的细微粒子可以促进自由基相互结合以终止链燃烧反应,这些因素在气相阻燃中也起到了关键的作用。

1.2.2.2 凝聚相阻燃机理

磷系阻燃剂凝聚相阻燃的关键在于磷系阻燃剂热降解产生磷酸类物质,这些酸类物质促使聚合物表面迅速脱水而炭化,进而形成炭化层(或膨胀结构)或玻璃态不燃层。由于单质碳不会发生生成火焰的蒸发燃烧和分解燃烧,因此起到物理阻隔气相和凝聚相的作用。磷系阻燃剂对含氧聚合物的阻燃作用就是通过这种方式实现的[50-52]。

事实上,阻燃是一个很复杂的过程,磷系凝聚相阻燃与气相阻燃也是不可截然分开的。凝聚相阻燃剂一方面可通过减少挥发性热降解产物的量改变可燃物质的反应平衡,另一方面可通过高温裂解形成稳定的炭层,从而起到隔热、氧的作用,有效地保护了材料的基体,起到阻燃的作用[42,44,49]。

1.3 无卤阻燃剂及阻燃环氧树脂的发展

1.3.1 磷系阻燃剂及阻燃环氧树脂的发展

与卤系阻燃剂相比,含磷阻燃剂具有更好阻燃性能、使用量较少、燃烧过程中生成有毒和腐蚀性气体也相对较少等特点。近年来,随着阻燃要求越来越高,以及人们的环保意识不断增强,含磷阻燃剂在阻燃领域得到了越来越多的关注。

1.3.1.1 磷酸酯型阻燃剂及阻燃环氧树脂

含双羟基的螺环季戊四醇双磷酸酯类化合物被 Chen 等[53]首次合成,其结构如表 1-1 中的化合物 1 所示。用该化合物作为固化剂固化的双酚 A 型环氧树脂,与未阻燃的环氧树脂相比,阻燃性明显得到了提高,当化合物 1 的添加量达到 18% 时,极限氧指数(LOI)得到了明显的提升,显示为 29.4%,在随后的垂直燃烧测试中也能够通过 UL-94 V-0 级的评测,在氮气环境下的热重分析中,在795 ℃时的残炭量达到 18.2%,而未添加该阻燃剂的环氧树脂材料残炭量仅为9.2%。

Xia 等[54]利用一些化合物 P—H 键的活性与对苯醌进行加成反应合成出含有酚羟基的反应型磷酸酯型化合物,两个酚羟基为与环氧树脂反应的活性基团,并通过红外、核磁等表征手段确认了该化合物的结构,表 1-1 中的化合物 2 即为该化合物的结构。将该化合物作为阻燃固化剂对 CNE 环氧树脂进行固化,表现出极其优异的阻燃性能,当磷含量在环氧树脂材料中的比例为 2.8% 时,热重分析结果显示其在 700 ℃的残炭量就已经达到了 41%,垂直燃烧测试也顺利通过 UL-94 V-0 级的评测,极限氧指数(LOI)提高到 29.5%,同溴系阻燃剂阻燃的环氧树脂材料相比,溴含量达 17.1% 时才能达到上述的阻燃效果。

Toldy 等首次合成带有三个氨基的反应型磷酸酯类化合物[55],其结构如表 1-1 中的化合物 3(TEDAP)所示。将化合物 3 作为阻燃固化剂制备出一系列的环氧树脂阻燃材料并测试其阻燃性能,经过热丝燃烧指数测试,添加该化合物的阻燃环氧树脂材料表现出极好的阻燃效果,阻燃测试值为 960 ℃,高于未阻燃环氧树脂材料的热丝燃烧指数(550 ℃),燃烧测试中也能顺利通过垂直燃烧UL-94 V-0 级的评测,极限氧指数(LOI)为 33%,而未添加该阻燃固化剂的阻燃环氧树脂材料不能通过 UL-94 V-0 级的评测,LOI 也仅为 21%。

Li 等合成了二甲基苯基磷酸酯型阻燃剂[56],其结构如表 1-1 中的化合物 4所示,当其添加量达到 24% 时,其极限氧指数达到 33.8%,并能顺利通过 UL-94 V-0 级的评测,热重分析显示其在 700 ℃时的残炭量达到 20%,锥形量热仪数据显示添加该化合物的阻燃环氧树脂材料与未阻燃环氧树脂材料相比较,其热释放速率和总热释放量均得到了有效降低。

作为添加型的三嗪系磷酸酯阻燃剂也有研究人员报道[57],其结构如表 1-1中化合物 5 所示。当其添加量为 20% 时,具有 3 mm 厚度的测试样品能顺利通过垂直燃烧 UL-94 V-0 级的评测,极限氧指数(LOI)达到 33.0% 以上,此外,在空气中的热重实验表明初始降解温度同未阻燃样品相比较也有所提前,且在700 ℃时样品的残炭量达到 25.2%。

Tian 等[58]利用三氯氧磷和季戊四醇为原料,精确控制反应条件,设计并合成出高热稳定性的添加型磷酸酯阻燃剂(SBCPO),其结构如表 1-1 中化合物 6所示。将该化合物应用于聚丙烯的阻燃,结果发现添加量 25% 左右就能有较好的阻燃效果,但是该阻燃剂成炭性不佳。

含磷的脂环型环氧单体可直接作为阻燃环氧树脂材料使用,Liu 等[59,60]制备了双官能团和三官能团的含磷置换型环氧单体,其结构如表 1-1 中化合物 7、8和 9 所示,特别是化合物 9 的结构,固化后的 LOI 可达到 47%。

表 1-1　磷酸酯型阻燃剂及阻燃环氧树脂

编号	结构	参考文献
化合物 1	HOH₂COH₂CO-P... P-OCH₂CH₂OCH₂CH₂OH	[53]
化合物 2		[54]
化合物 3		[55]
化合物 4		[56]

表 1-1(续)

编号	结构	参考文献
化合物 5		[57]
化合物 6		[58]
化合物 7		[59,60]
化合物 8		[59,60]
化合物 9		[59,60]

1.3.1.2 亚磷酸酯型阻燃剂及阻燃环氧树脂

周浩等[61]以双季戊四醇(DPE)、亚磷酸三苯酯(TPP)为反应原料,氢氧化钠为催化剂,采用非溶剂酯交换一步法合成了双季戊四醇亚磷酸酯膨胀型阻燃剂,其结构如表 1-2 中化合物 10 所示。用红外光谱与元素分析初步确定了双季戊四醇亚磷酸酯类物质的结构。热分析表明,10% 的失重所对应的温度为122 ℃,50% 的失重所对应的温度为 371 ℃;其失重速率最大时的峰顶温度为329 ℃;在 500 ℃时的成炭量高达 40%。以双季戊四醇亚磷酸酯阻燃的环氧树脂,当添加量为 19% 时其极限氧指数(LOI)为 35%,通过了 UL-94 V-0 级的评测,表明该阻燃剂具有优良的阻燃性能。

闫晓红等[62]以亚磷酸三苯酯和二丙二醇为原料,在酚钠盐催化下合成新的亚磷酸酯阻燃剂亚磷酸三(二丙二醇)酯,其结构如表 1-2 中化合物 11 所示。该阻燃剂是一种含羟基的反应型含磷阻燃剂,可用于聚氨酯泡沫塑料薄片与无纺布、人造革等面料复合时的阻燃剂,从其结构上可以看出,该阻燃剂也可以作为一种潜在的反应型阻燃剂用于阻燃环氧树脂材料。

表 1-2　亚磷酸酯型阻燃剂及阻燃环氧树脂

编号	结构	参考文献
化合物 10		[61]
化合物 11		[62]

1.3.1.3 次磷酸酯型阻燃剂及阻燃环氧树脂

具有次磷酸酯结构的阻燃剂中,典型的例子为 9,10-二氢-9-氧-10-磷杂菲-10-氧化物 (9,10-dihydro-9-oxa-10-phospha phenanthrene-10-oxide,DOPO),它是一种很重要的含磷阻燃剂中间体[63-65],其结构如表 1-3 化合物 12 所示。DOPO 为白色结晶体,熔点为 118~119 ℃,易溶于甲醇、乙醇、氯仿和二甲基甲酰胺,可溶于四氢呋喃、氯苯和二甲苯等。DOPO 可直接用于环氧树脂的阻燃,阻燃固化后的树脂可通过 UL-94 V-1 级的评测。

　　由于 DOPO 分子结构中包含 P—H 键,因此研究人员利用此特性可以制备一系列的 DOPO 衍生物。DOPO 及其衍生物结构中的联苯环、菲环和环状的 O＝P—O 结构决定了这类物质比一般的、没有成环的有机磷酸酯类化合物具有更高的稳定性和阻燃性能。近些年,大量的含羟基的 DOPO 衍生物被合成出来。Lin 等[66]利用 DOPO 中的 P—H 键的活性,使其与 4,4′-二羟基二苯基甲酮的羟基发生加成反应,制备出含 DOPO 基的二元酚(DOPO-DHBP),其结构如表 1-3 中的化合物 13 所示。将该化合物作为阻燃固化剂引入环氧树脂材料中[66,67],极限氧指数(LOI)可以提高到 30％以上,实验数据表明将其作为固化剂使用明显可以改善环氧树脂的阻燃性能。Wang 等[68-70]利用 DOPO 与对苯醌和 1,4-萘醌发生加成反应可以制备出含羟基的氢醌类阻燃固化剂,其结构如表 1-3 中的化合物 14(DOPO-HQ)[68-70]和化合物 15(DOPO-NQ)[71]所示。由于 DOPO 结构中的苯环和环状结构的特殊性,化合物 14、15 引入环氧树脂材料后表现出极其优异的性能,同溴系阻燃剂阻燃环氧树脂相比较,主要表现在:玻璃化转变温度有所提高,热稳定性也有所提高。将该阻燃固化剂用来固化酚醛型环氧树脂时更是表现出优良的阻燃性能,仅当阻燃固化物中的磷含量达到 1.1％时,垂直燃烧评级就能顺利通过 UL-94 V-0 级;而一般溴系阻燃剂溴含量要达到 6％～13％时才能达到相同的指标,磷酸酯类阻燃剂也要达到磷含量 2.2％以上时,才能具有与其类似的阻燃性能[72]。此外,萘醌型阻燃剂由于萘环和 DOPO 侧基的存在,固化后热失重测试的残炭量更是远高于未阻燃的环氧树脂,表现出优异的阻燃性能[73]。

　　Lin 等[74]成功利用 DOPO 中的 P—H 键分别与马来酸和衣康酸进行加成反应制备出两种羧酸阻燃固化剂,这两种化合物的结构如表 1-3 中的化合物 16 和化合物 17 所示。研究人员将化合物 16 和 17 分别在 130 ℃和 160 ℃下固化 DGEBA 型环氧树脂。测试后的数据表明,采用 DOPO 基羧酸固化剂固化的 DGEBA 热稳定性比化合物 14 固化的环氧树脂材料略差,但仍然高出未阻燃的环氧树脂,在报道中,研究人员还分别比较了化合物 14、16 和 17 的热稳定性,结果显示化合物 14 固化的环氧树脂稳定性最高,其次是化合物 16 固化的环氧树脂,最后是化合物 17 固化的环氧树脂。热稳定性差别的主要原因可能是阻燃剂的化学结构中的电子效应影响了 P—C 键的稳定性,造成分解温度上的差别。但化合物 16 固化的环氧树脂材料仅当含量达到 5％时,热解温度才能够提高到 390 ℃以上,化合物 16 和 17 固化的环氧树脂材料通过 UL-94 V-0 级的评测时,其磷含量为仅 1.7％。

　　Liang 等[75]合成带酸酐基团的反应型阻燃固化剂,其结构如表 1-3 中化合物 18 所示。将该阻燃剂作为部分固化剂制备阻燃环氧树脂,表现出极其优异的阻燃性能,当磷含量仅为 1.75% 时,热重分析显示其在 800 ℃ 的残炭量高达 23.9%,且随着含磷量的逐渐增加,残炭量呈现上升的趋势,当磷含量 2.25% 时,残炭量达到 27.2%,其极限氧指数也从 19.8% 提高到 30.6%,并能顺利通过垂直燃烧 UL-94 V-0 级的评测。可以看出该类型含磷阻燃剂明显对环氧树脂的阻燃性能有所改善。在合成化合物 17 的基础上,Chen 等[76,77]首次报道了 DOPO 与衣康酸加成后,经过脱水反应可得到酸酐 DOPO 衍生物,其结构如表 1-3 中的化合物 19 所示。将该化合物用于固化环氧树脂制备阻燃材料。经阻燃测试结果表明,化合物 19 固化的 DGEBA 环氧树脂,与邻苯二甲酸酐(PA)固化的同类环氧树脂相比较,表现出更佳的阻燃性能,其中极限氧指数(LOI)和残炭量得到较大的提高,表明该阻燃固化剂能够改善和提高环氧树脂材料的阻燃性。

Wang 等[78]以化合物 14 为基础,利用该化合物中的羟基氢与间硝基苯甲酰氯发生反应,然后将化合物结构中的硝基还原成氨基可制备出另外一种氨基阻燃固化剂,其结构如表 1-3 中的化合物 20 所示。将该化合物用于 DGEBA 环氧树脂,固化后的环氧树脂在空气中的热重分析表明初始的分解温度为 367 ℃,玻璃化转变温度 T_g 为 170 ℃,极限氧指数(LOI)为 30%,该化合物固化的环氧树脂表现出较高的热稳定性和阻燃性。Liu 等[79,80]报道了两分子 DOPO 与 4,4′-二氨基二苯甲酮反应合成双氨基 DOPO 衍生物,其结构如表 1-3 中的化合物 21 所示。化合物 21 固化的酚醛环氧树脂玻璃化转变温度达到 195 ℃,初始降解温度 316 ℃,极限氧指数(LOI)达到 37%;此外 DOPO 与副蔷薇苯胺盐酸盐加成反应合成了三氨基 DOPO 衍生物[81],其结构如表 1-3 中化合物 22 所示。Just 等[82,83]通过在 DOPO 母环上硝化后,经还原得到含 DOPO 基团的氨基化合物,其结构如表 1-3 中化合物 23 所示,将这些固化剂用于固化环氧树脂均表现出较好的阻燃性能。

Chiu 等[84]利用次磷酸二乙酯与双酚 A 的酯交换反应,合成了含多个 P—H 键的次磷酸二乙酯衍生物,其结构如表 1-3 的化合物 24 所示。该化合物可以用作固化剂的原因在于次磷酸二乙酯受热且有水存在时能够发生分解生成磷酸,可间接固化环氧树脂。将化合物 22 用于固化环氧树脂,其极限氧指数(LOI)为 30.5%,而采用 DDM 固化的环氧树脂,其极限氧指数(LOI)仅为 24%,结果表明:含有该结构的化合物能有效增强环氧树脂材料的阻燃性能。

Perez 等[85]利用 DOPO 的 P—H 键的反应活性与环氧氯丙烷发生反应生成 DOPO 基氯代醇,再经关环反应制得含 DOPO 基本体阻燃环氧树脂,其结构如表 1-3 中化合物 25(DOPO-Gly)所示。研究了 DOPO-Gly/DGEBA/DDS(4,4′-

二氨基二苯砜)体系的阻燃性能,DOPO-Gly 的引入对材料的机械性能和热机械性能没有明显影响,磷含量为 2％时,垂直燃烧测试达到 UL-94 V-0 级。Wu 等[86]利用 DOPO 与双酚 F 型环氧树脂(DGEBF)反应制备出本体阻燃的含磷环氧树脂,其结构如表 1-3 中化合物 26(P-DGEBF)所示。分别用 DDS 固化 DGEBF 和 P-DGEBF 两种环氧树脂。DSC 测试显示阻燃环氧树脂的玻璃化转变温度有所提高,热重分析显示 600 ℃时阻燃环氧树脂的残炭量提高到 19.9％,表明 DOPO 的引入有效提高了环氧树脂的阻燃性。

表 1-3　次磷酸酯型阻燃剂及阻燃环氧树脂

编号	结构	参考文献
化合物 12		[63-65]
化合物 13		[66]
化合物 14		[68-70]
化合物 15		[71]
化合物 16		[74]

表 1-3(续)

编号	结构	参考文献
化合物 17		[74]
化合物 18		[75]
化合物 19		[76,77]
化合物 20		[78]
化合物 21		[79,80]

表 1-3(续)

编号	结构	参考文献
化合物 22		[81]
化合物 23		[82,83]
化合物 24		[84]
化合物 25		[85]
化合物 26		[86]

1.3.1.4 氧化磷型阻燃剂及阻燃环氧树脂

三(正丁基)氧化磷为常见的添加型阻燃剂的代表[87-90]，其结构如表 1-4 中化合物 27 所示。当三(正丁基)氧化磷添加量仅为 10％时，阻燃环氧固化物的 LOI 就已经达到了 29％，是一种非常有效的添加型阻燃剂。除此之外，这类化合物也是聚苯醚的有效阻燃剂。

随着材料阻燃要求的不断提高以及添加型阻燃剂存在的弊端，反应型阻燃剂已经得到了越来越多研究者的关注[91]。Hsu 和 Shau[92]成功合成出带有两个羧基的氧化磷型化合物，如表 1-4 中的化合物 28 所示。将化合物 28 作为阻燃固化剂，与亚胺型环氧树脂和 Epon828 型环氧树脂在机械搅拌下，油浴加热混合均匀，200 ℃以下加热固化。在氮气下进行热重分析实验，从所得数据可以明显看出，同未阻燃的环氧树脂材料相比较，化合物 28 能够使两种环氧树脂的热稳定性能和阻燃性能得到提高。此外，Wang 等[93]在前面研究的基础上，成功合成出对称的含有四个羧基的氧化磷型化合物，其结构如表 1-4 中的化合物 29 所示。将该化合物作为固化剂，将磷元素引入到 Epon828 型环氧树脂材料中，经过氮气氛围下的热失重测试后发现：环氧固化物的残炭量高达为 34.8％，同其他固化剂固化相比较，从残炭量上看明显增强了 Epon828 型环氧树脂的热稳定性和阻燃性。此外，含三个苯环的芳基磷、氧化磷型化合物也被合成出来，其结构如表 1-4 中的化合物 30 所示，并被广泛用于聚酯的阻燃[94]，但从其结构上看也可以作为环氧树脂的一种潜在的阻燃固化剂。

Mauerer 等[95]合成的含两个氨基的化合物，是典型的氧化磷型阻燃剂，其结构如表 1-4 中的化合物 31 所示。将化合物 31 用于阻燃固化剂固化 Epon 828 型环氧树脂，得到不同磷含量环氧固化物。与未阻燃的环氧固化物相比较，环氧固化物燃烧后的残炭量均有所提高，其中，在 700 ℃下在 N_2 中最高的残炭量达到 35％以上，在空气中残炭量也可以达到 26％以上。Wang 等[96]合成了三胺类含磷化合物，其结构如表 1-4 中的化合物 32 所示，采用该化合物作为固化剂分别固化的环氧树脂，与未添加阻燃的环氧树脂相比较，其热稳定性能和阻燃性能都有了明显的改善和提高。此外类似的带有氨基的氧化磷型阻燃剂如表 1-4 中的化合物 33 所示[97]，使用该化合物固化环氧树脂后，其阻燃性能均比未添加阻燃剂的环氧树脂材料有所提高，LOI 能够达到 30％以上。Xu 等[98]合成了氧化磷型固化剂，其结构如表 1-4 中化合物 34 所示。以该化合物作为固化剂制备阻燃环氧树脂，其极限氧指数(LOI)为 34.8％，具有 3.0 mm 厚度的样条能通过垂直燃烧 UL-94 V-1 级的评测，热重分析显示残炭量为 19.3％。结果表明：含胺氧化磷型阻燃剂的使用明显使环氧树脂的阻燃性能大幅提高。

Yu 等[99]合成了含有羟基的氧化磷型阻燃剂，其结构如表 1-4 中化合物 35

所示,使用该阻燃剂作为部分固化剂固化双酚 A 型环氧树脂,表现出极其优异
的阻燃性能,环氧固化物的磷含量仅为 0.3％时,阻燃测试便能顺利通过垂直燃
烧 UL-94 V-0 级,可以看出该类型阻燃固化剂的加入明显改善了环氧树脂的阻
燃性能。Kang 等[100]采用表 1-4 中化合物 36 和化合物 37 分别作为固化剂固化
环氧树脂制备出不同磷含量的环氧固化物,之后分别对几种固化物进行了阻燃
测试,当化合物 36 和化合物 37 的含量分别为 30.52％和 32.36％时,垂直燃烧
测试就可以顺利通过 UL-94 V-0 级的评测,而且两种固化物的极限氧指数全部
达到 30％以上。

表 1-4　氧化磷型阻燃剂及阻燃环氧树脂

编号	结构	参考文献
化合物 27		[87-90]
化合物 28		[92]
化合物 29		[93]
化合物 30		[94]
化合物 31		[95]
化合物 32		[96]

表 1-4(续)

编号	结构	参考文献
化合物 33		[97]
化合物 34		[98]
化合物 35		[99]
化合物 36		[100]
化合物 37		[100]
化合物 38		[101]

Spontón 等[101]合成了含磷本体阻燃环氧树脂,其结构如表 1-4 中化合物 38 所示,使用 DDM 对所得环氧树脂进行固化,当磷含量为 6％时,玻璃化转变温度为 186 ℃,高于双酚 A 型环氧树脂玻璃化转变温度,其极限氧指数达到 31.2％。

1.3.2 氮系阻燃剂及阻燃环氧树脂的发展

目前已经得到广泛应用的氮系阻燃剂主要是三嗪类化合物,即三聚氰胺(MA)及其盐(氰脲酸盐、胍盐及双氰胺盐)。它们可单独使用,也可作为混合膨胀型阻燃剂的组分使用。三嗪阻燃剂主要是通过分解吸热及生成不可燃气体覆盖可燃物而达到阻燃目的的。它们的优点是无色、低毒、低烟、不产生腐蚀性气体等,主要缺点是阻燃效率较低,与热塑性高聚物的相容性不好,不利于在阻燃基材中分散。

此外,含氮环氧树脂因具有较高的热分解温度和较高的阻燃效率、低毒性和低腐蚀性,被认为是有潜力替代含卤环氧树脂的新型阻燃环氧树脂。目前已有的含氮阻燃环氧树脂主要有缩水甘油胺型环氧树脂[102-104]、聚异氰脲酸酯-噁唑烷酮树脂和含氮酚醛树脂等[105,106]。

缩水甘油胺型环氧树脂主要有三聚氰酸三缩水甘油胺、对氨基苯酚环氧树脂和二氨基二苯甲烷环氧树脂等几大类,其结构如表 1-5 中化合物 39、40 和 41 所示。聚异氰脲酸酯-噁唑烷酮树脂结构中含有大量的五、六元含氮杂环,这样的结构使其材料具有优异的阻燃性和耐热性,且机械强度良好。徐伟箭等[107]在碱性条件下利用对羟基苯甲醛双缩苯二胺席夫碱环氧树脂与环氧氯丙烷成功合成出一种新型含氮环氧树脂(DGEAZ),其结构如表 1-5 中化合物 42 所示。该树脂固化后能顺利通过 UL-94 V-0 级的评测,800 ℃下残炭量为 43.55％,展示出良好的阻燃性能和热稳定性。

表 1-5 含氮阻燃环氧树脂结构

编号	结构	参考文献
化合物 39		[102-104]

表 1-5(续)

编号	结构	参考文献
化合物 40		[102-104]
化合物 41		[105,106]
化合物 42		[105,106]

1.3.3 硅系阻燃剂及阻燃环氧树脂的发展

虽然硅系阻燃剂是阻燃剂中发展比较晚的一种,但近些年针对它的研究和开发应用进展都非常迅速。研究表明添加少量的含硅化合物可以提高材料的阻燃性,其机理被认为是在固相中促进燃烧成炭,并且在气相状态可以捕获活性自由基。含硅阻燃组分通常被认为是环境友好型添加剂[108-112]。含硅阻燃体系主要包括硅酸盐、滑石粉和聚合物纳米层状硅酸盐等无机硅以及线性硅烷、硅氧烷、硅树脂等有机硅阻燃剂。

近年来,发现有机硅化合物以低用量与其他阻燃剂并用不仅可提高聚合物的阻燃性能,还能降低燃烧的热释放速率。它们不仅能提高基材与聚硅氧烷的互渗性,而且还能促进成炭作用,提高极限氧指数,进而阻止烟的生成和火焰的传播。Zhong 等[109,110]将有机硅阻燃剂应用于环氧树脂的阻燃。研究表明,含硅的环氧树脂与二胺固化剂混合得到硅含量高达 9% 的环氧树脂,具有很好的成炭性与阻燃性能。将有机硅引入环氧树脂后,无论在空气中还是氮气中加热,其高温区的成炭量都能得到提高。Spontón 等[113]分别利用苯基三甲环氧基硅烷和二苯基二甲环氧基硅烷合成了新型含硅环氧树脂体系,其结构如表 1-6 中化合物 43 和 44 所示。经 4,4-二氨基二苯甲烷(DDM)固化后得到阻燃型环氧树脂材料,固化物的极限氧指数可达 35%。此外研究者发现将羟基封端和胺基封端的聚二甲基硅氧烷(PDMS)作为固化剂对环氧树脂进行固化后得到的复合材料耐热性及极限氧指数均能得到一定的改善[111]。

表 1-6 含硅阻燃环氧树脂结构

编号	结构	参考文献
化合物 43		[113]
化合物 44		[113]

1.3.4 多阻燃元素体系阻燃剂及阻燃环氧树脂的发展

Yang 等[114]合成含磷和氮两种阻燃元素的添加型阻燃剂,其结构如表 1-7 中化合物 45 所示。将该阻燃剂用于阻燃环氧树脂,当添加量达到 3% 时,其极限氧指数达到 36.2%,并能通过 UL-94 V-0 级的评测,锥形量热仪测试显示:随着化合物 45 的添加份数逐渐增加,阻燃固化物的热释放速率也呈现降低的趋势。Xiong 等[115]以三聚氰胺和 DOPO 为原料通过两个步骤合成出含 P 和 N 两种阻燃元素的反应型阻燃剂,其结构如表 1-7 中化合物 46 所示。将化合物 46 用于固化 CNE 环氧树脂,其极限氧指数(LOI)达到 35%,并获得较高的玻璃化转变温度。Gouri 等[116]合成的六缩水甘油基环三磷腈是一种阻燃型环氧树脂,其结构如表 1-7 种化合物 47 所示。固化后环氧固化物的热稳定性好,初始降解温度为 280 ℃,具有 3 mm 厚度的样品可通过 UL-94 V-0 级的评测。类似的还有大分子型环三磷腈类环氧树脂 PN-EP 的合成,其结构如表 1-7 中化合物 48 所示。Xu 等[117]合成了一种含磷、硫、氮三种不同元素的阻燃剂,其结构如表 1-7 中化合物 49 所示。将化合物 49 用于固化 DGEBA 环氧树脂,当添加量达到 27.3% 时,垂直燃烧测试能够通过 UL-94 V-1 级的评测,极限氧指数达到 38.3%,同未添加该化合物的阻燃环氧树脂相比,热释放速率的峰值及热释放总量都得到了有效的降低,热重分析结果显示其在 800 ℃时的残炭量达到 17.8%。Wang 等[118]合成了一种含磷、氮、硅三种阻燃元素的石墨烯基复合阻燃剂,其结构如表 1-7 中化合物 50 所示。当该化合物添加量为 1% 时,与未阻燃环氧树脂相比,极限氧指数得到了大幅度的提升,残炭量增加了 10.4%,锥形量热仪测试结果显示热释放速率的峰值由 235.6 kW/m² 降低到 131.3 kW/m²。Xu 等[119]合成了一种三嗪磷聚合物,其结构如表 1-7 中化合物 51 所示。当该化合物添加量为 11% 时,极限氧指数达到 32.5%,垂直燃烧能够通过 UL-94 V-0 级的评测,热重分析显示其残炭量达到了 27.0%。Xu 等[120]合成了一种基于环三磷腈的环氧树脂,其结构如表 1-7 中化合物 52 所示。分别用二氨基二苯甲烷、二氨基二苯砜和间苯二胺对其进行固化,其极限氧指数可分别达到 33.5%、34.3% 和 31.8%,并均能通过 UL-94 V-0 级的评测,同 DGEBA 环氧树脂相比较,基于环三磷腈的环氧树脂材料的玻璃化转变温度和热重分析测试中显示的残炭量均有所升高。Liu 等[121]通过六步反应合成了一种基于线性聚磷腈结构的环氧树脂,其结构如表 1-7 中化合物 53 所示,该环氧树脂与双酚 A 型环氧树脂共混组成比例不同的环氧固化物,当化合物 53 的比例达到 30% 时,极限氧指数(LOI)达到了 31.8%,而纯双酚 A 型环氧树脂 LOI 仅为 22.3%。热重分析显示其残炭量高于纯双酚 A 型环氧树脂,结果表明:磷、氮两种元素的协效阻燃作用明显提高了环氧树脂的阻燃性能。

表 1-7　多元素阻燃剂及阻燃环氧树脂

编号	结构	参考文献
化合物 45		[114]

表 1-7(续)

编号	结构	参考文献
化合物 46	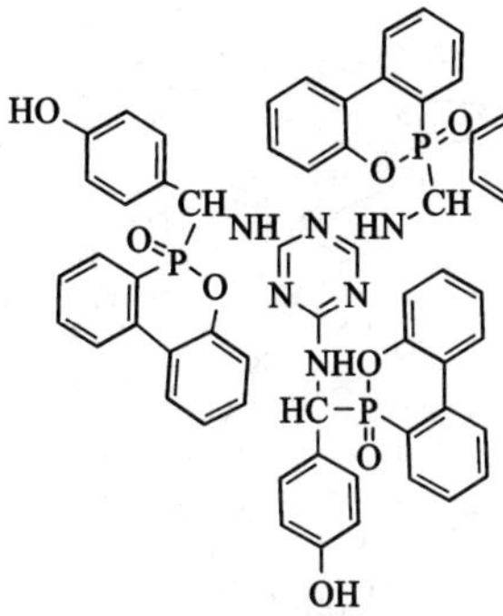	[115]
化合物 47	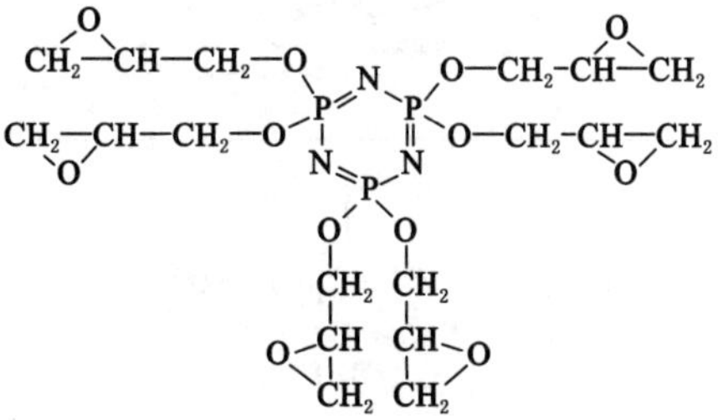	[116]
化合物 48	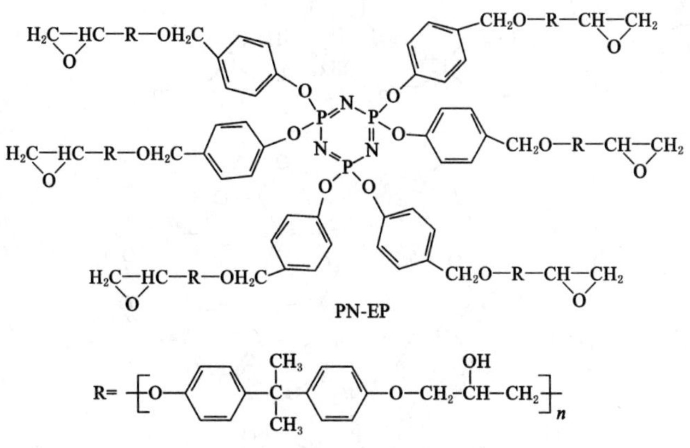	[116]
化合物 49	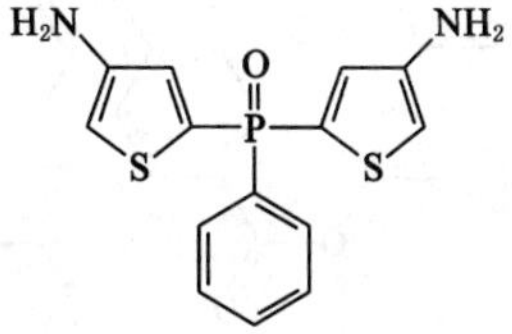	[117]

表 1-7(续)

编号	结构	参考文献
化合物 50		[118]
化合物 51		[119]
化合物 52		[120]

表 1-7(续)

编号	结构	参考文献
化合物 53	 $m,n,z=0,1,2,3\cdots$	[121]

1.4　木质素在环氧树脂中的应用研究进展

木质素是一种高分子物质,广泛存在于高等植物的细胞壁中,是构成植物体的三大成分之一,被认为是一种可再生资源。因此,从生态资源和环境保护角度来看,木质素的有效利用具有重大经济效益和生态意义[122-124]。

1.4.1　木质素用于制备环氧树脂

1.4.1.1　木质素与环氧树脂共混

将木质素添加到环氧树脂中可以提高材料的热稳定性能,早期有研究学者采用物理或化学共混的方法直接将木质素加入环氧树脂体系中。将硫酸盐木质素溶于 1% 的氢氧化钠溶液,然后依次加入水溶性环氧化合物和固化剂,在室温放置一天,在 150 ℃ 的温度下固化 3 h,得到棕色的环氧树脂固化物[125]。该固化物具有很好的透明度、韧性及刚性。随着木质素添加量的增加,环氧固化物的 T_g 也呈现升高的趋势。

双酚 A 型环氧树脂与硫酸盐木质素混合搅拌,固化后可制得木质素与环氧树脂的共混物[126]。对该环氧树脂材料的结构与性能的关系进行研究,结果显示,在木质素质量分数达到 20% 时共混物的黏合强度有最大值,但在木质素质量分数超过 35% 后共混物的剪切强度逐渐降低,玻璃化转变温度(T_g)也是随着木质素含量的增加而升高的,在质量分数达到 40% 时,T_g 出现最大值;DSC 曲线显示,含有较少木质素的环氧树脂只有一个 T_g,随着木质素质量分数的增加,曲线中出现了两个 T_g,DSC 测试表明:木质素质量分数为 20% 的共混物具有最好的相容性。

1.4.1.2　木质素直接环氧化合成环氧树脂

　　木质素中含有具有反应活性的酚羟基与醇羟基,因此可以利用其反应活性直接环氧化制备木质素基环氧树脂。溶剂型木质素在某一溶剂中具备良好的溶解性且木质素分子中含有的羟基也具有较高的反应活性,容易与环氧化合物直接反应制备环氧树脂。

　　将定量的双酚 A 在加热状态下与环氧氯丙烷混合,使其溶解混合均匀,高沸醇木质素溶解到碱溶液(质量浓度为 5%)中一起加入反应体系中,环氧氯丙烷和体系中有效羟基的物质的量之比为 8∶1,在 55~60 ℃的温度下,即可成功合成出环氧值为 0.361 mol/100 g 的木质素基环氧树脂,经过性能测试得出,经过木质素改性的环氧树脂有效提高了树脂的热稳定性和耐溶剂性[127]。

　　Nakamura 等[128]将桉木木材进行蒸汽爆破,待木质素分子的碎裂达到平衡,各组分官能团含量都趋于稳定后,再以甲醇和水作为溶剂反复抽提即可得到甲醇可溶木质素。此种方法得到的木质素相对分子质量低,可测得其相对分子质量为 1 450,具有良好的化学反应活性。利用这种甲醇可溶木质素制备了甲醇可溶木质素基环氧树脂,并对其安全性和生物降解性进行了研究。实验证明,与双酚 A 型环氧树脂做比较,木质素制备的环氧树脂的环氧当量为 320 g/mol,双酚 A 型环氧树脂仅为 175 g/mol,木质素制备的环氧树脂的热固行为与双酚 A 型环氧树脂几乎相同;生物降解实验表明含有木质素的环氧树脂具有一定的生物降解性。

　　Nonaka 等[129]将工业碱木质素直接环氧化后再固化,制得了褐色、透明并且具有高强度的木质素基环氧树脂膜。木质素加入环氧树脂后,分子间能形成一种互穿聚合物网络结构,可用作胶黏剂和隔音材料。

　　将麦草碱木质素直接与环氧氯丙烷进行接枝共聚反应可得到呈黄色固体粉末的环氧树脂。经过条件选择,得到其合成的最佳条件为:每克木质素用质量分数为 20%的氢氧化钠溶液 5 mL 溶解,碱木质素与环氧氯丙烷的质量比为 1∶12,80 ℃反应 3 h,可得到较高环氧值的环氧树脂[130]。

1.4.1.3　木质素经化学改性后合成环氧树脂

　　由木质素直接与环氧氯丙烷反应生成的木质素基环氧树脂具有产率较低、环氧值不高等缺点,造成这些现象的原因是木质素在反应过程中活性点不够,再加上苯环的空间位阻阻碍,使得木质素反应在有限的位置和方向上进行,因此,对木质素进行化学改性,是提高其反应活性的重要手段。

　　Zhao 等[131]用苯酚等处理木质素磺酸盐,再与环氧氯丙烷反应,从而制成木质素环氧化物,在此研究过程中发现酸化处理过程对合成树脂的类型和产率有着决定性的影响,DSC 分析表明酸酐固化剂可以将该树脂固化。

Tan 等[132]在碱性催化剂的作用下将腰果酚代替苯酚改性后的木质素与环氧氯丙烷环氧化生成木质素基环氧树脂,研究发现合成的木质素基环氧树脂所制成的膜成品的拉伸强度和模量随着腰果酚使用量的增加而提高,但 T_g 随着腰果酚使用量的增加而降低,而且酚使用量决定了环氧化过程的活性。

Feng 等[133]将乙酸木质素与一定比例的硫酸、苯酚进行混合反应,从而使木质素酚化,然后将酚化处理的木质素与环氧氯丙烷环氧化生成木质素基环氧树脂,但是在作为胶黏剂使用时需要将该树脂与其他环氧树脂按一定的比例混合。研究发现混合胶黏剂的吸水率随着木质素基环氧树脂含量的增加而增大,而且当木质素基环氧树脂含量为 20% 左右时,混合胶黏剂的胶接剪切强度达最大。

1.4.2　木质素用于制备环氧树脂固化剂

由于碱木质素分子反应活性低以及其极弱的溶解性等问题,目前在将木质素应用于环氧树脂固化剂这个领域鲜有成果出现。李梅等[134]将木质素磺酸盐与多胺化合物、甲酸以及少量苯酚混合,采用曼尼希反应制备得到一种棕褐色黏稠液体状水性环氧固化剂,将这一混合体系固化环氧树脂,得到的环氧树脂拉剪强度达 4.46 MPa、正拉黏接强度达 1.62 MPa、邵氏硬度达 82、极值热分解温度 387.9 ℃。

程贤甦[135]将自制的溶剂型木质素与酚、醛、胺进行曼尼希反应制备得到一种黏稠状液体酚醛胺型环氧树脂固化剂,用其固化后的环氧树脂的韧性以及耐水和耐腐蚀性要比传统固化剂好。

以上两个研究成果都是将整个合成体系作为固化剂,并未对固化剂的组成成分与反应动力学进行深入研究。

综上所述,将木质素应用于环氧树脂材料领域,可以降低石油资源或者煤能源的消耗。然而,目前的研究方向主要是针对木质素引入环氧树脂体系后,体系耐溶剂性、热稳定性、力学性能等方面的研究,而对于木质素的天然成炭作用对环氧树脂材料阻燃性能的影响却鲜有报道,开展木质素对环氧树脂材料阻燃性能的影响研究将是拓展木质素应用领域的重要研究方向。

1.5　阻燃性能测试与评价方法概述

实验室中评价高分子材料燃烧的实验方法繁杂,伴随着火灾带来的危害,人们越来越重视对火灾发生规律的研究,随之高分子材料燃烧的评价方法也得到了非常迅速的发展。综合看来,实验室常用的高分子材料测试方法主要包括以下几种:极限氧指数测试法、垂直燃烧法、锥形量热仪测试法等[136]。

1.5.1　极限氧指数测试法

J. J. Martin 和 P. Fenimore 于 1966 年在评价纺织材料和塑料燃烧性能的基础上提出了氧指数测试法,又称极限氧指数测试法。极限氧指数测试仪如图 1-1 所示。极限氧指数(LOI)的定义为在规定的实验条件下材料在 O_2、N_2 混合气体中刚好维持有焰燃烧时的最小氧浓度,以氧气所占的体积百分数表示。LOI 能够成功反映出高分子材料燃烧的相对难易程度,LOI 越高,表明阻燃性能越好[137,138]。一般来说,LOI 小于 21% 被划分为易燃材料,LOI 在 22%～26% 之间被划分为自熄性材料,LOI 在 27% 以上则定义为难燃材料。同其他测试方法相比较,该方法具有许多优点,主要体现在:设备价格较低,操作简单,测试的结果能用数字直观反映材料阻燃性能,数据平行性好,因此,无论是在实验室还是在工业测试中都被广泛使用。此方法也有一定的弊端,主要体现在:评价信息单一,必须结合其他评价方法才能更加准确地反映实际发生火灾时的真实数据[139]。

样品

氮气和氧气
混合气体

图 1-1　极限氧指数测试仪

1.5.2　垂直燃烧法(vertical burning test)

垂直燃烧法用于测定材料垂直放置并施加火焰的燃烧行为,该方法仅适用于质量控制实验和选材实验,不能完全作为评定实际使用条件下发生火灾危险性的依据,只能作为评价的参考依据。此方法测定的国际标准和国家标准很多,ANSI/UL-94 是常用的国际公认评价标准[140]。

国内垂直燃烧法一般采用 GB/T 5455—2014 的测试方法,可以表述为:待测试样条上端由试样夹夹住 6 mm,垂直放置,下端放置医用脱脂棉,试样条下端距水平铺置的医用脱脂棉 300 mm。在距离试样条约 150 mm 的地方点燃本生灯,调节燃气使本生灯产生 20 mm 高的蓝色火焰。在距离试样条下端 10 mm

处，把火焰对准试样条下端的中心位置，并开始计时。施加火焰 10 s 后立即记录移开火焰后试样有焰燃烧时间，试样的火焰熄灭后，再立即施加火焰 10 s，并记录移开火焰后试样有焰燃烧和无焰燃烧（有炽亮但没有火焰）时间，如图 1-2 所示。

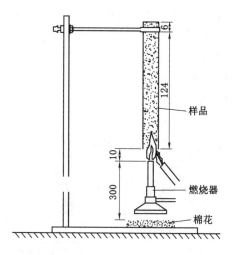

图 1-2　垂直燃烧测试仪

材料的燃烧性能按规定分为 UL-94 V-0、V-1 和 V-2 三个等级，三个等级的判定标准如表 1-8 所示。

表 1-8　垂直燃烧法等级判定标准

试样燃烧行为	V-0	V-1	V-2
每个试样两次施加火焰离火后有焰燃烧时间/s	≤10	≤30	≤30
每组 5 个试样施加 10 次火焰离火后有焰燃烧时间总和/s	≤50	≤250	≤250
每个试样有焰燃烧或无焰燃烧蔓延到夹具的现象	无	无	无
每个试样滴落物是否引燃脱脂棉	否	否	是

1.5.3　锥形量热仪测试法

美国国家标准与技术研究院 Babrauskas 等人于 20 世纪 80 年代早期研发出实验室规模热释放测试仪器，用来克服已有的小型热释放测试仪存在的缺点。当时的小型测试所采用的方法是测定密闭空间内焓损失的方法，经过多次实验和研究发现，基于氧消耗原理的量热计是最佳测试仪器。由于高分子材料燃烧时总热释放量与燃烧过程氧的消耗量是成正比的，在此基础上，研发出一种带有锥形加热器形状的测试设备,这个仪器后来被称为锥形量热仪,是以氧消耗原理为基础的新一代高分子材料燃烧性能测定仪。所谓氧消耗原理是指每消耗 1 g 氧,材料在燃烧中所释放出的热量是固定不变的,数值均为 13.1 kJ(准确度优于±5%),只要能精确地测定材料在燃烧时的耗氧量,就可以得到相对精确的热释放速率。锥形量热仪测试法的优点主要体现在:参数测定值受外界不稳定因素影响较小,因此,与大型实验结果相关性好。锥形量热仪的出现是火灾科学与工程研究领域一个非常重要的技术进步,是火灾实验技术史上革命性的进展[141,142]。该仪器如图 1-3 所示。

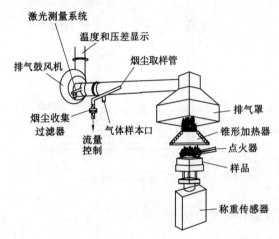

图 1-3　锥形量热仪

锥形量热仪测试法可以给出材料燃烧过程中的各种参数,包括点燃时间、热释放速率、总释放热烟生成速率、总烟产生量和质量损失速率等。主要参数分别定义如下:

(1) 点燃时间

点燃时间(TTI)是指维持材料表面有发光火焰燃烧所需的辐射时间,单位为 s。常用 TTI 数值来评估和比较材料的耐火性能。

(2) 热释放速率

热释放速率(HRR)是指在预置的入射热流强度下,材料被点燃后,单位面积的热量释放速率。HRR 是表征火灾强度的最重要性能参数,单位为 kW/m²。HRR 的最大值为热释放速率峰值(PHRR),PHRR 的大小表征了材料燃烧过程中的最大热释放程度。HRR 和 PHHR 数值越大,材料在整个燃烧过程中的放热量越大,如果这类材料发生火灾,则危害性也就越大。

(3) 总释放热

总释放热(THR)是指在预置的入射热流强度下,材料从点燃到火焰熄灭为止所释放热量的总和,单位为 $MJ/(m^2 \cdot kg)$。将 HRR 与 THR 结合起来,可以更加有效地评价材料的阻燃性能和燃烧性能,THR 数值对于研究火灾具有更为客观和更加全面的参考作用。

(4)烟生成速率

烟生成速率(SPR)是指比消光面积与质量损失速率之比,表征单位时间内烟生成量的多少,单位为 m^2/s,即

$$SPR = SEA/MLR$$

式中,SEA 为比消光面积;SEA 表示挥发单位质量的材料所产生的烟,它不直接表示生烟量的大小,只是计算生烟量的一个转换因子。

(5)总烟产生量

总烟产生量(TSP)是指单位质量样品烟生成速率 SPR 对时间的积分值,为累积烟释放量,单位为 m^2/kg。它代表烟生成量的大小。

(6)质量损失速率

质量损失速率(MLR)是指燃烧样品在燃烧过程中质量随时间的变化率,单位是%/min。它反映了材料在一定火强度下的热裂解、挥发及燃烧程度。一般来说,曲线斜率越大,材料燃烧裂解速度越快,造成的火灾危害越大。

(7)有效燃烧热

有效燃烧热(EHC)表示在某时刻 t 时,所测得热释放速率与质量损失速率之比。它反映了挥发性气体在气相火焰中的燃烧程度,对分析阻燃机理很有帮助。

(8)毒性测定

材料燃烧时放出多种气体,其中含有 CO,HCN,SO_2,HCl,H_2S 等毒性气体。毒性气体对人体具有极大的危害作用,其成分及百分含量可通过锥形量热仪中的附加设备收集分析。

通过锥形量热仪所测得的材料在火灾中的燃烧参数,可以从不同的角度来评价高分子材料的燃烧行为,其结果可以为阻燃材料进行阻燃配方设计、阻燃剂分子结构设计、阻燃剂阻燃机理等研究工作提供可靠的依据。此外,由于锥形量热仪的实验结果与其他大型燃烧实验之间有着更好的关联性,且锥形量热仪提供的各种参数可相互补充和印证。所以锥形量热仪测试的数据可为更多的火模型提供全面的火参数,从而能够更真实地反映材料在真实火灾中的燃烧行为,为人们研究火灾的发生和发展提供必要的基础数据。许多研究人员都采用锥形量热仪对阻燃环氧树脂体系燃烧行为进行研究。

1.6 本书研究的依据及意义

近年来,随着人们对防火安全的重视和对阻燃要求的日益提高,阻燃行业得到了迅猛发展。而环氧树脂作为电子产品用树脂基料,其阻燃性、耐水性、耐热性的提高将变得十分必要。卤系阻燃剂虽然已经在环氧树脂阻燃领域得到了广泛的应用,但其在燃烧过程中容易释放出有毒和有腐蚀性的气体,达不到环保要求。而磷系阻燃剂是最有希望代替卤系阻燃剂的品种之一,它在赋予材料良好阻燃性的同时,与卤系阻燃剂比较,有低热释放、不易形成有毒气体和腐蚀性气体等优势。

目前,现有磷系阻燃剂及其阻燃的环氧树脂材料在表现出优异阻燃性能的同时,存在一些亟待解决的问题,例如,阻燃效率低、相容性差、吸水率高、耐水性差、力学性能下降过快、制备工艺烦琐等。由于这些问题的存在,阻燃剂及其阻燃环氧树脂材料做到环保、高效的同时,合成新型含磷阻燃剂用以克服现有含磷阻燃环氧树脂存在的缺点具有十分重要的意义。

在本书合成的三种新型含磷阻燃固化剂的分子结构中,磷元素完全以 P—C 键形式存在,不易发生水解,以此提高环氧树脂材料的耐水性能;阻燃固化剂的分子结构中引入疏水性的芳环结构,以此降低环氧树脂材料的吸水性;阻燃固化剂分子结构中含有活性基团,能够作为固化剂直接应用于环氧树脂材料中,克服与材料相容性差、力学性能下降过快的问题;阻燃固化剂的制备工艺简单,克服了现有阻燃剂制备工艺烦琐、生产成本较高等问题。

1.7 本书研究的主要内容

本书研究的主要内容有以下几个方面:

(1) 以对二苯基氧磷、对苯醌、马来酸和衣康酸为原料合成三种新型的含磷阻燃固化剂,分别对三种阻燃固化剂进行了结构表征,最终确认了三种阻燃固化剂的结构,并讨论其各种反应条件对产率的影响,优化出最佳的反应条件。

(2) 分别用三种阻燃固化剂固化 DGEBA 环氧树脂,同时对它们的阻燃性能、热稳定性、力学性能和耐水性能进行研究,并对阻燃环氧树脂材料的阻燃机理进行了初步的探讨。

(3) 将木质素以不同比例添加到阻燃环氧树脂体系中,并研究木质素与阻燃固化剂的协同作用对环氧树脂材料的阻燃性能、热稳定性和力学性能等的影响。

2　DPDHPPO 的合成及阻燃环氧树脂的研究

本章设计并合成了只含 P—C 键的对苯二酚型阻燃固化剂——二苯基-(2,5-二羟基-苯基)-氧化磷［diphenyl-(2,5-dihydroxyphenyl)-phosphine oxide, DPDHPPO］。研究其合成反应条件控制,表征其结构,研究其与间苯二胺共固化环氧树脂材料的阻燃性能和热稳定性能,并对阻燃环氧树脂材料的阻燃机理进行了初步的探讨。

2.1　实验部分

2.1.1　主要原料

二苯基氧磷(DPO)	青岛富斯林化工科技有限公司	工业级
对苯醌(BQ)	天津市光复精细化工研究所	分析纯
无水乙醇	天津市光复精细化工研究所	分析纯
甲苯	天津市科密欧化学试剂有限公司	分析纯
氢氧化钠	天津市科密欧化学试剂有限公司	分析纯
间苯二胺(PDA)	天津市科密欧化学试剂有限公司	分析纯
环氧树脂(E-44,G 为 0.47)	广州合孚化工有限公司	工业级

2.1.2　二苯基-(2,5-二羟基-苯基)-氧化磷(DPDHPPO)的合成

DPDHPPO 的合成路线如图 2-1 所示。将 20.2 g(0.1 mol)二苯基氧磷(DPO)和 13.0 g(0.12 mol)对苯醌加入 250 mL 的带有机械搅拌器、球形冷凝管、恒压滴液漏斗和气体保护装置的四口圆底烧瓶中。除水除氧后,保持通入氮气,待二苯基氧磷和对苯醌熔融后,逐滴滴入 140 mL 干燥的甲苯,滴加完毕后,

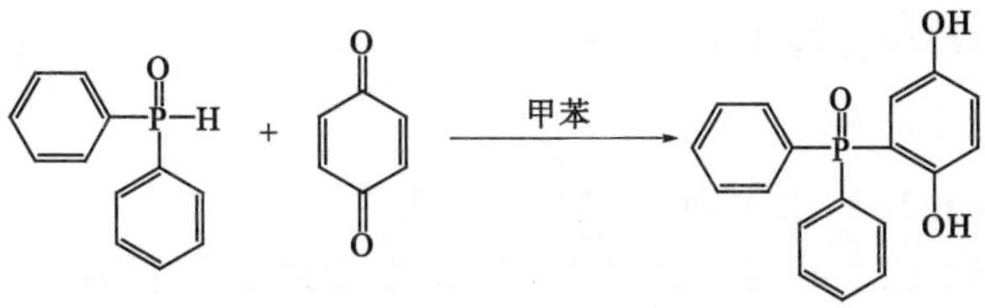

图 2-1　DPDHPPO 的合成路线图

回流温度下反应 20 h 后,继续通入氮气,并冷却到室温,出现深黄色沉淀,将沉淀过滤后,用乙醇洗涤。得到的滤饼在 80 ℃真空干燥 8 h。将干燥后的粗产品溶于氢氧化钠,滴加盐酸后析出白色沉淀,过滤,80 ℃真空干燥 8 h,得到的产品使用乙醇进行重结晶,80 ℃真空干燥后,最终得到产品 27.4 g,产率为 88.1%,纯度为 99.7%,产品熔点为 212.5～213.6 ℃。

2.1.3 DPDHPPO 结构表征

2.1.3.1 傅立叶变换红外光谱(FTIR)

产品的红外光谱采用溴化钾压片法,用德国 Bruker 公司的 TENSOR27 型傅立叶变换红外光谱仪获取。

2.1.3.2 核磁共振波谱(NMR)

产品的核磁谱图采用德国 Bruker 300(300 MHz)核磁共振波谱仪进行测试,以 10%～25%DMSO-d_6 为溶剂,^{1}H NMR 和[13]C NMR 以四甲基硅烷为内标物,^{31}P NMR 以 85%的磷酸溶液作为参考。

2.1.4 阻燃环氧树脂固化物的制备

合成得到的阻燃固化剂(DPDHPPO)和间苯二胺(PDA)在室温下按照质量比为 0/100、10/90、20/80、30/70、40/60、50/50 均匀混合。100 g 环氧树脂所用固化剂的量按式(2-1)进行计算[143-148]:

$$m = (w_{PDA} \times M_{PDA} \times G)/H_{nPDA} + (w_{DPDHPPO} \times M_{DPDHPPO} \times G)/H_{nDPDHPPO}$$

$$(2-1)$$

式中,m 为阻燃固化剂(DPDHPPO)和间苯二胺(PDA)质量的总和;w_{PDA} 和 $w_{DPDHPPO}$ 分别代表间苯二胺(PDA)和阻燃固化剂(DPDHPPO)的质量百分含量;M_{PDA} 和 $M_{DPDHPPO}$ 分别代表间苯二胺(PDA)和阻燃固化剂(DPDHPP)氧的相对分子质量;G 代表环氧树脂的环氧值;H_{nPDA} 和 $H_{nDPDHPPO}$ 分别代表间苯二胺(PDA)和阻燃固化剂(DPDHPPO)中含活泼氢的个数。

将环氧树脂(E-44)和两种固化剂按照比例于油浴下 140 ℃混合均匀后,置于自制各待测样品规格的模具中于 160 ℃预固化 2 h,180 ℃固化 3 h。将固化完成后的样条采用自然降温的方式,逐渐冷却至室温,以防止开裂,将样品从自制模具中脱模,准备性能测试。

2.1.5 固化物性能测试

2.1.5.1 极限氧指数(LOI)的测定

极限氧指数测定采用中国江宁 JF-3 型极限氧指数测试仪,参照 GB/T 2406.2—2009 标准进行测试,样条尺寸长×宽×厚为:130 mm×6.5 mm×3 mm。

2.1.5.2　垂直燃烧实验(UL-94)

采用中国江宁 CZF-2 型水平垂直燃烧测定仪对样条进行垂直燃烧测试,测试过程参照 GB/T 5455—2014 的方法,样品尺寸长×宽×厚为:130 mm×12.5 mm×3 mm。

2.1.5.3　锥形量热仪实验(CONE)

燃烧实验采用 Fire Testing Technology 型锥形量热仪(West Sussex,UK),并采用 ISO 5660-1 标准进行测试。待测试标准样品用铝箔纸包裹,包裹后的样品置于固定的托架中,使待测样品的上表面能完全暴露在空气中。为了能更真实地模拟火灾的环境,选择在最接近真实火灾温度(780 ℃)的热辐射功率 50 kW/m² 的环境下进行测试,样品尺寸长×宽×厚为:100 mm×100 mm×3 mm。

2.1.5.4　热降解行为测试(TGA)

热降解行为实验使用的是美国 Perkin-Elmer 公司的 Pyris 1 型热失重分析仪,样品质量取 2~4 mg,以 10 ℃/min 速度升温,气氛分别为氮气和空气,气体流速设置为 50 mL/min,测试的温度范围为 50~800 ℃。

2.1.5.5　扫描电子显微镜(SEM)

本实验中残炭的外观形态使用 FEI QUANTA-200(Eindhoven,Netherlands)型扫描电子显微镜进行扫描测试,从残炭表面取大小 3 mm×3 mm 左右样品用双面胶固定于铜板上,并对样品表面进行喷金处理,其加速电压为 12.5 kV。

2.1.5.6　X-射线电子能谱(XPS)

XPS 数据通过赛默飞世尔科技(中国)有限公司生产的 X 射线光电子能谱仪使用单色器 AlKα 源,在 1.0×10⁻⁸ mbar 的压力下获得,并对 C,N,P 和 O 元素进行分析。

2.1.5.7　热重-傅立叶红外测试(TGA-FTIR)

本实验热重-傅立叶红外测试是在连接有 Nicolet6700 红外光谱仪的 TGA Q500 IR 热重分析仪上进行的。样品质量约 5 mg,放置于氧化坩埚中在高纯氮气气氛下进行测试,测试的温度范围为 50~700 ℃,升温速度为 10 ℃/min,氮气流速为 20 mL/min。

2.1.5.8　力学性能测试

力学性能测试的样品尺寸长×宽×厚为:130 mm×10 mm×4 mm。

拉伸强度:根据 GB/T 1040.4—2006 标准,在 RGT-20A 型电子万能实验机上进行实验,拉伸速度为 20 mm/min。

弯曲强度:依据 GB/T 9341—2008 标准,在 RGT-20A 型电子万能实验机上进行实验,实验速度为 2 mm/min。

悬臂梁缺口冲击强度:根据 GB/T 1843—2008 标准,用 XJC-5 冲击实验机进行实验。

2.1.5.9 耐水性测试

按照 UL 746C 标准,将待测试样品置于已经加入去离子水的恒温水浴锅中,并设置恒温为 70 ℃,去离子水每天更换一次,水处理的时间按照不同测试要求分别为 1~7 d。水处理后,用滤纸吸干样品表面残余水分,用分析天平称量样品的质量。然后将称重后的样品放置于恒温 80 ℃的烘箱中干燥 3 d,当恒重后,从烘箱中取出称量质量,称重后样品进行阻燃性能、热稳定性能和机械性能等的测试。水处理后样条阻燃性能和机械性能测试样条尺寸与水处理前阻燃性能和机械性能测试样条相同,水处理后吸水率测试样条尺寸与水处理后阻燃性能测试样条尺寸相同。

2.2 结果与讨论

2.2.1 4DPDHPPO 的合成条件研究

实验中分别考察了原料的物质的量比、反应温度、溶剂用量、反应时间、溶剂种类等对 DPDHPPO 产率的影响,其中产率以二苯基氧磷(DPO)完全参加反应为基准进行计算。

2.2.1.1 反应原料配比对 DPDHPPO 产率的影响

表 2-1 为二苯基氧磷(DPO)和对苯醌(BQ)的物质的量比对 DPDHPPO 产率的影响。从表中可以看出,以甲苯作为溶剂,溶剂用量恒定时,随着二苯基氧磷和对苯醌的物质的量比由 1:1 减小到 1:1.2,DPDHPPO 的产率由 73.2%增加到 84.1%。当二苯基氧磷和对苯醌的物质的量比继续减小时,产品产率有下降趋势。产生这种现象的主要原因是:大量的对苯醌未能完全参与反应,其中部分被氧化,导致产品颜色过深,使反应的后处理出现困难,导致损失较多。因此,本实验中最佳的原料配比为二苯基氧磷和对苯醌的物质的量比为 1:1.2。

表 2-1 二苯基氧磷(DPO)和对苯醌(BQ)的物质的量的比对 DPDHPPO 产率的影响

序号	DPO(0.1 mol): BQ	溶剂用量 /mL	反应时间 /h	反应温度 /℃	产率 /%
1	1:1	140	10	回流	73.2
2	1:1.15	140	10	回流	83.7
3	1:1.2	140	10	回流	84.1
4	1:1.25	140	10	回流	80.6
5	1:1.3	140	10	回流	78.0

2.2.1.2 反应温度对 DPDHPPO 产率的影响

反应温度对 DPDHPPO 产率的影响列于表 2-2 中。从表中可以看出，以甲苯为溶剂，物质的量比、溶剂用量和反应时间固定时，随着温度的升高，产品的产率呈现逐渐升高的趋势，当温度超过 80 ℃以后，产率的变化则不明显，为了易于控制反应温度，实验中反应温度控制在回流时温度为最佳。

表 2-2　反应温度对 DPDHPPO 产率的影响

序号	DPO(0.1 mol)：BQ	溶剂用量/mL	反应时间/h	反应温度/℃	产率/%
1	1：1.2	140	10	40.0	26.1
2	1：1.2	140	10	60.0	65.8
3	1：1.2	140	10	80.0	83.5
4	1：1.2	140	10	100.0	83.9
5	1：1.2	140	10	回流	84.1

2.2.1.3 溶剂用量对 DPDHPPO 产率的影响

甲苯溶剂用量对 DPDHPPO 产率的影响列于表 2-3 中。在 DPO 和 BQ 物质的量比为 1：1.2、反应时间为 10 h 的情况下，随着溶剂用量的不断增加，产品的产率呈现逐渐升高的趋势，当溶剂用量为 140 mL 时，产品的产率最高，继续增加到 200 mL 时，产品的产率迅速下降到 35.4%。产率下降的主要原因是：溶剂用量过大，两种反应物在体系中分子碰撞的机会减少；生成的产品有少量溶解到甲苯溶剂中，导致产率迅速下降。因此，本实验最终选择 0.1 mol DPO 参与反应时溶剂用量为 140 mL。

表 2-3　溶剂用量对 DPDHPPO 产率的影响

序号	DPO(0.1 mol)：BQ	溶剂用量/mL	反应时间/h	反应温度/℃	产率/%
1	1：1.2	100	回流	10	78.6
2	1：1.2	120	回流	10	82.6
3	1：1.2	140	回流	10	84.1
4	1：1.2	160	回流	10	78.3
5	1：1.2	180	回流	10	68.4
6	1：1.2	200	回流	10	35.4

2.2.1.4 反应时间对 DPDHPPO 产率的影响

DPDHPPO 产率受反应时间的影响列于表 2-4。滴加完甲苯后,分别进行 5 h,10 h,15 h,20 h,25 h 和 30 h 反应,当反应时间为 20 h 时最终产品 DPDHPPO 的产率由 35.4% 增加到 88.1%。但当反应时间继续延长时, DPDHPPO 的产率则增加不明显,从经济角度考虑,时间延长则增加成本,无太大意义,因此实验中控制反应时间在 20 h。

表 2-4 反应时间对 DPDHPPO 产率的影响

序号	DPO(0.1 mol):BQ	溶剂用量/mL	反应时间/h	反应温度/℃	产率/%
1	1:1.2	140	回流	5	35.4
2	1:1.2	140	回流	10	84.1
3	1:1.2	140	回流	15	86.3
4	1:1.2	140	回流	20	88.1
5	1:1.2	140	回流	25	88.3
6	1:1.2	140	回流	30	88.4

2.2.1.5 溶剂种类对 DPDHPPO 产率的影响

实验中以甲苯作为溶剂时的回流温度(110 ℃)为基准,分别考察了三种不同溶剂对 DPDHPPO 产率的影响,如表 2-5 所示。从表中可以看出,以甲苯为溶剂时,反应 20 h,可以得到 88.1% 的较高产率。以乙二醇作为溶剂时, DPDHPPO 的产率最低,仅为 25.4%。这主要是 DPDHPPO 在三种溶剂中溶解度不同引起的,导致最终析出的产品有所差别。DPDHPPO 的产率从大到小依次为甲苯＞二甲苯＞乙二醇。因而,在最终的实验过程中选择甲苯作为反应溶剂。

表 2-5 溶剂种类对 DPDHPPO 产率的影响

序号	DPO(0.1 mol):BQ	溶剂种类	反应时间/h	反应温度/℃	产率/%
1	1:1.2	甲 苯	110	20	88.1
2	1:1.2	乙二醇	110	20	25.4
3	1:1.2	二甲苯	110	20	80.5

2.2.2　DPDHPPO 的结构表征与分析

2.2.2.1　FTIR 谱图

对苯醌(BQ)、二苯基氧磷(DPO)和产物 DPDHPPO 的红外光谱如图 2-2 所示。从原料 BQ 的谱图上可以看出，1 654 cm^{-1} 处为 C＝C 双键吸收峰，1 772 cm^{-1} 处为 C＝O 双键伸缩振动吸收峰，3 058 cm^{-1} 处为 C—H 键吸收峰；从原料 DPO 谱图中可以看出，化学位移为 3 051 cm^{-1} 处的吸收峰为苯环上 C—H 键的伸缩振动吸收峰，2 374 cm^{-1} 处为 P—H 键伸缩振动吸收峰，1 439 cm^{-1} 处为 P—C 键的伸缩振动吸收峰，1 188 cm^{-1} 处为 P＝O 双键伸缩振动吸收峰；从产物结构上看，原料 BQ 在 1 654 cm^{-1} 处 C＝C 双键伸缩振动吸收峰消失，原料 DPO 在 2 374 cm^{-1} 处 P—H 键伸缩振动吸收峰消失，在 3 143 cm^{-1} 处出现酚羟基吸收峰，说明有对苯二酚基生成。

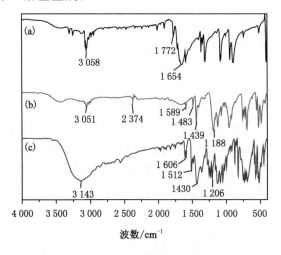

图 2-2　BQ(a)、DPO(b)和 DPDHPPO(c)的红外光谱图

2.2.2.2　NMR 谱图

DPDHPPO 的^{1}H NMR 谱图如图 2-3 所示。图中位于(7.507～7.586)×10^{-6} 处的多重峰为苯环 1，2，3 位置质子的化学位移。由于苯环 4 位置与强吸电子基团相邻，化学位移向低场移动，出现在(7.619～7.683)×10^{-6} 处。由于酚羟基中的氧有供电子作用，带有酚羟基苯环上的质子化学位移整体向高场移动，质子 5，7，8 的化学位移位于(6.736～6.974)×10^{-6} 处。位于 9.134×10^{-6} 处为酚羟基上质子 6 的特征峰，由于质子 9 与强吸电子基团邻近，其化学位移向低场移动，峰出现在 9.785×10^{-6} 处。

DPDHPPO 的^{13}C NMR 谱图如 2-4 所示。碳原子 5，7，8 和 10 由于氧的供

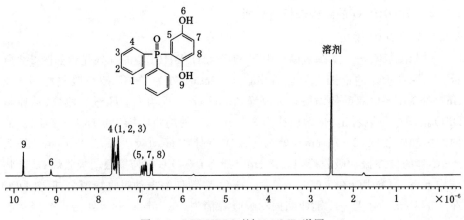

图 2-3　DPDHPPO 的 ^1H NMR 谱图

电子作用,其化学位移相对要向高场移动,故$(115.55 \sim 121.38) \times 10^{-6}$归属于碳原子 5,7,8 和 10 的化学位移。碳原子 1,2,3,4 所在的苯环与吸电子基团直接相连,化学位移相对出现在低场位置,4 处的碳原子直接与强吸电子基团相连接,出现在 132.65×10^{-6} 处,1 处碳原子处于苯环的对位,磷原子吸电子作用相对较强,因此碳原子 1 的峰出现在 131.38×10^{-6} 处,根据其余两个碳原子吸电子作用的大小,则可区分出 128.44×10^{-6} 和 131.38×10^{-6} 分别归属于碳原子 2 和 3 的化学位移。149.84×10^{-6} 处出现的峰为与酚羟基相连的碳原子 6 的特征峰,由于 9 处的碳原子与强吸电子基团相连,化学位移会向低场移动,因此,152.39×10^{-6} 处为碳原子 9 的化学位移。

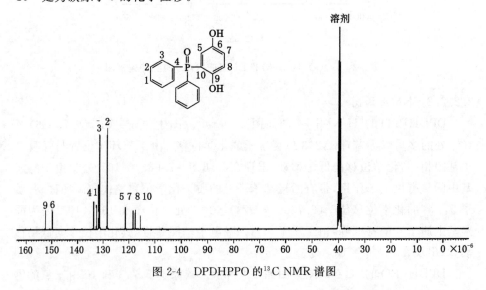

图 2-4　DPDHPPO 的 ^{13}C NMR 谱图

图 2-5 所示为阻燃固化剂 DPDHPPO 的^{31}P NMR 谱图,该谱图中在 38.78 × 10^{-6}处只有一个峰,这表明产物磷原子只有唯一的化学环境,说明产物的纯度较高。

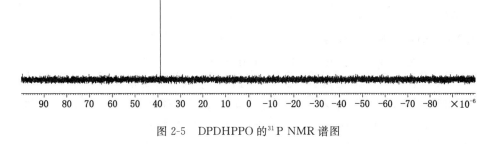

图 2-5　DPDHPPO 的^{31}P NMR 谱图

以上谱图证实了产物的分子结构与设计的目标分子结构相同,说明阻燃固化剂 DPDHPPO 被成功合成。

2.2.3　DPDHPPO 热降解行为分析

阻燃固化剂 DPDHPPO 在氮气氛围下的热重分析数据和曲线如表 2-6 和图 2-6 所示。从表中数据可以看出阻燃固化剂 DPDHPPO 的初始降解温度(按质量损失为 1% 对应的温度)为 252.8 ℃,700 ℃时的残炭量为 4.4%,表明阻燃固化剂 DPDHPPO 的热稳定性相对较弱,其自身成炭能力较低。

表 2-6　DPDHPPO 氮气氛围下热重分析数据

样品	$T_{initial}$ /℃	R_{1peak}/T_{1peak} [(%/min)/℃]	残炭量/% (700 ℃)
DPDHPPO	252.8	8.7/333.4	4.4

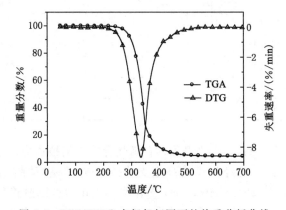

图 2-6　DPDHPPO 在氮气氛围下的热重分析曲线

从图 2-6 中的曲线可以看出,阻燃固化剂 DPDHPPO 的降解只有一个阶段,主要发生在 250～420 ℃之间,最大的失重速率为 8.7 ％/min,此时对应的分解温度为 333.4 ℃,这主要的原因可能是由于与苯环相连接的 P—C 键和苯环结构同时发生分解。

2.2.4　固化物阻燃性能分析

2.2.4.1　EP/PDA/DPDHPPO 体系的阻燃性能

EP/PDA 体系和 EP/PDA/DPDHPPO 体系的垂直燃烧测试(UL-94)和极限氧指数(LOI)结果列于表 2-7。从表中的数据可以看出,间苯二胺(PDA)固化的纯环氧树脂 LOI 只有 17.8％,不能通过 UL-94 评级的任何一个级别,且有大量熔滴产生,达不到阻燃要求。阻燃固化剂 DPDHPPO 作为共固化剂替代 PDA 固化环氧树脂后,环氧固化物的阻燃性能得到了改善。随着 DPDHPPO 在 EP/PDA/DPDHPPO 体系中含量的增加,LOI 值呈现出上升趋势。当 DPDHPPO 含量由 0 增加到 20％时,LOI 从 17.8％增加到 30.2％,但仍然不能通过 UL-94 评级的任何一个级别,但熔滴现象消失。当固化物中 DPDHPPO 的含量增加到 30％时,LOI 值得到了大幅度的提升,垂直燃烧通过 UL-94 V-1 级;当 DPDHPPO 的含量增加到 40％时,EP/PDA/DPDHPPO 体系的 LOI 值可达到 31.9％,尽管极限氧指数增加的幅度很小,但垂直燃烧通过了 UL-94 V-0 级;当含量继续增加到 50％时,极限氧指数仍有小幅度上升,仍能通过垂直燃烧 UL-94 V-0 级。

表 2-7　EP/PDA 和 EP/PDA/DPDHPPO 体系的组成和阻燃测试结果

样品	EP /%	DPDHPPO /%	PDA /%	LOI /%	UL-94 垂直燃烧评级	是否有熔滴
EP/PDA	88.7	0	11.3	17.8	未通过	是
EP/90% PDA/10% DPDHPPO	84.2	6.2	9.6	26.5	未通过	否
EP/80% PDA/20% DPDHPPO	80.1	11.7	8.2	30.2	未通过	否
EP/70% PDA/30% DPDHPPO	76.5	16.7	6.8	31.4	V-1	否
EP/60% PDA/40% DPDHPPO	73.2	21.3	5.5	31.9	V-0	否
EP/50% PDA/50% DPDHPPO	70.0	25.6	4.4	32.1	V-0	否

近几年,许多带有羟基活性基团的含磷化合物都被报道应用于环氧树脂的阻燃。例如,Deng 等[149]已经报道的高度支化的(3-羟苯基)磷酸酯[hyperbranched (3-hydroxyphenyl) phosphate,HHPP]作为共固化剂可以改善环氧树脂的阻燃性能,当完全用 HHPP 作为阻燃固化剂时,极限氧指数可达到 30％,但在报道

中未提及是否通过 UL-94 V-0 级;本课题组也报道了类似于合成 DPDHPPO 的
新型芳基磷型阻燃固化剂的研究成果[98],该阻燃固化剂所用量为 100% 时,虽然
获得了较高的极限氧指数,但仅通过了垂直燃烧 UL-94 V-1 级。与已有类似结
构阻燃固化剂的实验研究结果相比较,说明该阻燃固化剂 DPDHPPO 具有较高
的阻燃性能。

2.2.4.2 EP/PDA/DPDHPPO 体系的燃烧行为

众所周知,垂直燃烧测试和极限氧指数测试是评价小规模燃烧非常有效的
测试方法,并能够将阻燃后的材料按照标准划分出等级,但是相对于真实火灾来
说,这种方法则不能够提供可靠的参数来表征真实的燃烧行为。而锥形量热仪
却可以弥补这些缺点,是目前公认的最接近真实燃烧数据的测试方法之
一[150,151]。为了进一步研究阻燃固化剂 DPDHPPO 对固化后的环氧树脂材料的
燃烧行为的影响,本实验中对 EP/PDA 和 EP/60% PDA/40% DPDHPPO 体系
进行了锥形量热仪测试,其分析测试内容如下:

(1) 点燃时间(TTI)

表 2-8 和图 2-7 为 EP/PDA 和 EP/60% PDA/40% DPDHPPO 体系锥形
量热仪测试的实验结果。从中我们发现,EP/PDA 体系的 TTI 为 63 s,而
EP/60% PDA/40% DPDHPPO 体系的 TTI 为 51 s,小于 EP/PDA 体系的
TTI 值,该结果同相关文献报道的结果一致[152]。存在 TTI 值变化的可能原因
是:在空气环境燃烧的前提下,阻燃环氧树脂 EP/60% PDA/40% DPDHPPO
结构中的 P—C 键提前发生降解而生成酸类物质,这些物质的生成能够加速环
氧树脂基体的降解,因此阻燃后的环氧树脂材料被提前点燃。

表 2-8 EP/PDA 体系和 EP/PDA/DPDHPPO 体系的锥形量热仪测试数据
(热辐射功率为 50 kW/m²)

性质	样品	
	EP/PDA	EP/60% PDA/40% DPDHPPO
点燃时间(TTI)/s	63	51
热释放速率第一峰值/(kW/m²)	732.8	256.3
第一峰值出现的时间/s	185	80
热释放速率第二峰值/(kW/m²)	316.9	383.7
第二峰值出现的时间/s	250	170
总热释放量(THR)/(MJ/m²)	103.1	68.1
平均有效燃烧热(av-EHC)/(MJ/kg)	22.7	13.2
残炭量(400 min)/%	8.1	11.6

（2）热释放速率（HRR）和总热释放量（THR）

EP/PDA 和 EP/60% PDA/40% DPDHPPO 体系热释放速率（HRR）和总热释放量（THR）随时间变化的关系曲线如图 2-7 所示。从图中可以显示出，EP/PDA 体系在燃烧的初始阶段，热释放速率迅速增长，在 185 s 时形成第一个峰，峰值为 732.8 kW/m²，在 250 s 形成第二个峰，峰值为 316.9 kW/m²，第二个峰出现之后热释放速率缓慢下降，直至 490 s 燃烧完全，显示 THR 值为 103.1 MJ/m²。EP/60% PDA/40% DPDHPPO 体系在燃烧阶段，于 80 s 形成第一个峰，峰值为 256.3 kW/m²，在 170 s 形成第二个峰，峰值显示为 383.7 kW/m²，之后热释放速率缓慢下降，直至 440 s 完全燃烧，显示 THR 值为 68.1 MJ/m²。与 EP/PDA 体系样品比较，HRR 峰值的降低表明阻燃后的环氧树脂材料在燃烧过程中，释放的热量得到了有效的降低；THR 数值的降低表明 EP/60% PDA/40% DPDHPPO 体系并没有完全燃烧，可能经历了一个炭层形成的过程，进而阻止了材料内层的进一步燃烧。

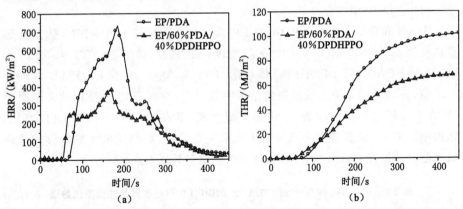

图 2-7　EP/PDA 体系和 EP/PDA/DPDHPPO 体系的 HRR(a)和 THR(b)曲线

（3）残炭量（RM）

锥形量热仪分析中给出的残炭量（RM）曲线如图 2-8 所示。EP/PDA 体系测试结束时的残炭量为 6.3%，而 EP/60% PDA/40% DPDHPPO 体系测试结束时的残炭量为 11.3%。这说明阻燃固化剂的加入有效阻止了环氧树脂材料的完全降解，并且能够促进环氧树脂材料形成一定量的炭层。虽然 EP/PDA 体系和 EP/60% PDA/40% DPDHPPO 体系在阻燃性能测试中存在较大差别，但从锥形量热仪数据中获得的 RM 曲线趋势基本相同，这一结果可能是材料燃烧分解后残炭易飞散和锥形量热仪分析实验的测试条件所致。

（4）烟释放速率（SPR）和总烟释放量（TSP）

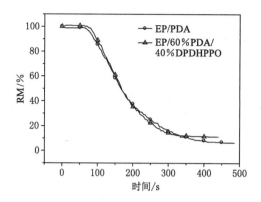

图 2-8 EP/PDA 体系和 EP/PDA/DPDHPPO 体系的 RM 曲线

图 2-9 为 EP/PDA 体系和 EP/60% PDA/40% DPDHPPO 体系烟释放速率和总烟释放量随时间变化的关系曲线图。从图中可以看出,EP/PDA 体系的烟释放速率的峰值为 0.29 m^2/s,总烟释放量为 47.6 m^2。而 EP/60% PDA/40% DPDHPPO 体系的烟释放速率的峰值为 0.37 m^2/s,总烟释放量为 59.1 m^2。二者相比较,阻燃后的环氧树脂材料的 SPR 和 TSP 均有所增加。产生这种现象的原因主要有以下两个方面:一是,阻燃固化剂结构中含有的三个苯环结构在燃烧分解过程中产生大量的烟雾;二是,阻燃固化剂的阻燃作用导致材料未充分燃烧。

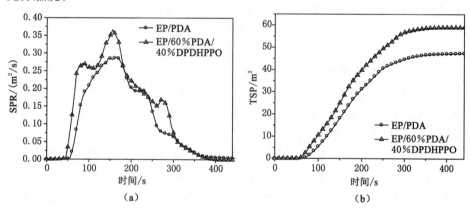

图 2-9 EP/PDA 体系和 EP/PDA/DPDHPPO 体系的 SPR(a)和 TSP(b)曲线

(5) CO 生成速率(COPR)和 CO_2 生成速率(CO_2PR)

图 2-10 为 EP/PDA 体系和 EP/60% PDA/40% DPDHPPO 体系 CO 生成速率和 CO_2 生成速率随时间变化的关系曲线图。从曲线图中可以看出,EP/60% PDA/40% DPDHPPO 体系 CO 的生成速率峰值高于 EP/PDA 体系 CO

的生成速率峰值,而 CO_2 生成速率的峰值大小则相反。这主要是由于阻燃固化剂 DPDHPPO 的加入导致材料的不充分燃烧,产生大量的 CO,CO 生成量的增加必然直接导致 CO_2 生成量的减少。

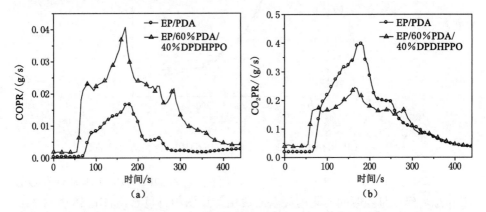

图 2-10 EP/PDA 体系和 EP/PDA/DPDHPPO 体系的 COPR(a)和 CO_2PR(b)曲线

（6）平均有效燃烧热（av-EHC）

某一时刻测得的热释放量与质量损失量之比被称为有效燃烧热,单位是 MJ/kg。平均有效燃烧热反映的是整个燃烧过程热释放量与质量损失量之比的平均值。av-EHC 可以说明聚合物材料燃烧过程中产生的可燃性挥发物在气相火焰中的燃烧程度。从表 2-8 中可以看出阻燃前平均有效燃烧热为 22.7 MJ/kg,而阻燃后的环氧树脂平均有效燃烧热为 13.2 MJ/kg,降低了 41.9%。av-EHC 减小表明 EP/60% PDA/40% DPDHPPO 体系单位质量产生的可燃性挥发物少,同时,也可能产生大量的非可燃气体有效稀释了可燃气体和周围氧的浓度导致可燃性挥发物在气相中燃烧不完全[153],这也与阻燃后环氧树脂在燃烧过程中 CO 生成速率增加的结果相吻合,这说明 EP/60% PDA/40% DPDHPPO 体系在燃烧过程中存在气相阻燃机理。

锥形量热仪实验的测试结果表明,阻燃固化剂 DPDHPPO 的加入使环氧树脂材料在初始燃烧阶段分解速度加快,提高了环氧树脂材料的成炭能力,降低了可燃性挥发物在气相中的燃烧程度。凝聚相和气相阻燃的共同作用能够改善环氧树脂的阻燃性能,说明 DPDHPPO 是一种有效的阻燃固化剂。

2.2.5 阻燃环氧固化物热降解行为

为了能进一步研究阻燃固化剂 DPDHPPO 对环氧树脂材料热降解行为的影响,针对 EP/PDA 体系、EP/70% PDA/30% DPDHPPO 体系和 EP/60% PDA/40% DPDHPPO 体系分析和讨论了在氮气和空气下的热降解行为。

图 2-11 和表 2-9 为 EP/PDA 体系、EP/70％ PDA/30％ DPDHPPO 和 EP/60％ PDA/40％ DPDHPPO 体系在氮气气氛下以 10 ℃/min 升温速率的热重分析曲线和数据，从图 2-11 和表 2-9 中可以看出：EP/PDA 体系初始降解温度（$T_{initial}$）（重量分数为 1％）为 333.4 ℃，在氮气气氛下发生了两步降解：第一步降解峰值对应的温度 T_{max1} 为 386.3 ℃，最大失重速率为 11.7 ％/min；第二步降解峰值对应的温度 T_{max2} 为 634.0 ℃，最大失重速率为 1.76 ％/min。产生这两步降解的主要原因是未阻燃的环氧树脂材料在初始阶段生成了较为不稳定的炭层，当温度逐渐升高后，不稳定的炭层又逐渐开始分解，由此产生了两个峰。阻燃固化剂 DPDHPPO 加入后，环氧树脂材料的降解行为发生了改变，如图 2-11 和表 2-9 所示，EP/70％ PDA/30％ DPDHPPO 和 EP/60％ PDA/40％ DPDHPPO 体系发生的都是一步降解。当 DPDHPPO 的添加量为 30％ 时，EP/70％ PDA/30％ DPDHPPO 体系的 $T_{initial}$ 和 T_{max} 值分别为 310.7 ℃ 和 380.6 ℃，最大失重速率为 10.5 ％/min。当 DPDHPPO 的添加量为 40％ 时，体系的 $T_{initial}$ 和 T_{max} 分别下降到 304.4 ℃ 387.6 ℃，最大失重速率为 10.9 ％/min。随着阻燃固化剂含量的增加，材料的初始降解温度逐渐降低，主要是由于阻燃固化剂 DPDHPPO 的初始降解温度较低，这与阻燃固化剂 DPDHPPO 能够在较低的温度下分解的热重分析数据相吻合。此现象也被其他研究者们所报道，如阻燃剂 BPAODOPE、双(3-胺基苯基)苯基氧化磷和一些含 DOPO 结构单元的反应型阻燃剂，这些报道过的阻燃剂在进行 TGA 实验时，也得到了与本实验结果完全一致的结论[28,37,154]。此外，从表 2-9 中还可以看出，随着阻燃剂含量的逐渐提高，EP/PDA 体系、EP/70％ PDA/30％ DPDHPPO 体系和 EP/60％ PDA/40％ DPDHPPO 体系的残炭量逐渐升高，说明 DPDHPPO 的加入使环氧树脂材料的成炭能力增强，进而说明 DPDHPPO 是一种有效的阻燃固化剂。

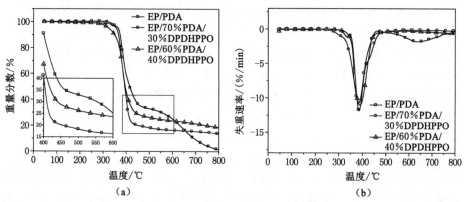

图 2-11　EP/PDA 和 EP/PDA/DPDHPPO 体系在氮气气氛下的 TGA(a) 和 DTG(b) 曲线

表 2-9   EP/PDA 和 EP/PDA/DPDHPPO 体系在氮气下的热重分析数据

样品	$T_{initial}$ /℃	T_{max1} /℃	T_{max2} /℃	800 ℃时的残炭量 /%
EP/PDA	333.4	386.3	634.0	1.5
EP/70% PDA/30% DPDHPPO	310.7	380.6	—	13.6
EP/60% PDA/40% DPDHPPO	304.4	387.6	—	18.6

图 2-12 和表 2-10 为 EP/PDA 体系、EP/70% PDA/30% DPDHPPO 体系和 EP/60% PDA/40% DPDHPPO 体系在空气气氛下以 10 ℃/min 升温速率的热重分析曲线和数据。尽管 EP/PDA 体系、EP/70% PDA/30% DPDHPPO 体系和 EP/60% PDA/40% DPDHPPO 体系起始降解阶段与在氮气气氛下相似，但在空气气氛下三种体系均发生两步降解。EP/PDA 体系在空气气氛下的 $T_{initial}$、T_{max1} 和 T_{max2} 分别为 270.1 ℃、364.8 ℃和 563.9 ℃，第一步降解的最大失重速率为 9.45 %/min，第二步降解的最大失重速率为 3.37 %/min，800 ℃时的残炭量仅为 1.1%。当阻燃固化剂的添加量为 30%时，环氧树脂体系的 $T_{initial}$、T_{max1} 和 T_{max2} 分别为 268.0 ℃、379.8 ℃和 539.4 ℃，第一步降解的最大失重速率为 7.75 %/min，第二步降解的最大失重速率为 3.31 %/min，残炭量增加到 2.5%。当阻燃固化剂的添加量为 40%时，环氧树脂体系的 $T_{initial}$、T_{max1} 和 T_{max2} 分别为 265.2 ℃、382.3 ℃和 533.8 ℃，第一步降解的最大失重速率为 5.75 %/min，第二步降解的最大失重速率为 2.83 %/min，但残炭量增加不明显，仅增加到 2.7%。初始降解温度的逐渐降低主要是由于阻燃固化剂的加入促进了环氧树脂材料提前发生分解，这也与阻燃固化剂 DPDHPPO 在热失重实验中出现的较低温度下开始分解的结果相吻合。随着阻燃固化剂含量的增加，每一步降解的最大失重速率均减小，这表明阻燃固化剂的加入促使环氧树脂提前发生分解，形成了更加稳定的炭层。此外，残炭量的增加同样说明阻燃固化剂的加入提高了环氧树脂材料的成炭能力。同氮气气氛下的测试相比，有以下几个不同的方面：三种体系的初始降解温度虽然呈现逐渐降低的趋势，但均比氮气气氛下初始降解温度低，这主要是由于阻燃固化剂在空气的热氧化作用下在较低的温度下发生分解；在空气气氛下 400～600 ℃的温度范围内，EP/70% PDA/30% DPDHPPO 体系和 EP/60% PDA/40% DPDHPPO 体系的 TGA 曲线在 EP/PDA 体系的上方，而在氮气气氛下恰好与其相反，这主要是由于阻燃固化剂在空气的热氧化作用下发生分解生成磷酸类物质，磷酸类物质促进环氧树脂材料形成相对稳定的炭层，随着温度的继续升高，形成的炭层在热氧化作用下继续分解；空气气氛下的残炭量低于氮气气氛下的残炭量，主要是由于空气的热氧化作

用使炭层的分解更加完全；此外，在空气气氛下，环氧树脂材料均发生两步降解，主要是由于初始分解阶段生成的炭层在较强的空气热氧化作用下发生二次分解所产生。

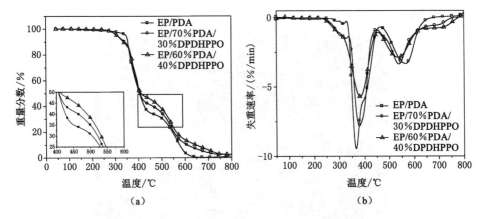

图 2-12　EP/PDA 和 EP/PDA/DPDHPPO 体系在空气气氛下的 TGA(a)和 DTG(b)曲线

表 2-10　EP/PDA 和 EP/PDA/DPDHPPO 体系在空气气氛下的热重分析数据

样品	$T_{initial}$ /℃	T_{max1} /℃	T_{max2} /℃	800 ℃时的残炭量 /%
EP/PDA	270.1	364.8	563.9	1.1
EP/70% PDA/30% DPDHPPO	268.0	379.8	539.4	2.5
EP/60% PDA/40% DPDHPPO	265.2	382.3	533.8	2.7

2.2.6　炭层表面的 SEM 分析

聚合物材料在燃烧过程中形成的残留炭层表面的结构对材料的燃烧性能具有极其重要的影响。如果燃烧生成的炭层结构致密，对于隔绝空气进入燃烧区域，阻止聚合物分解逸出的小分子，抑制热量传递都具有非常积极的作用，因而能够降低材料的燃烧性；相反，如果燃烧生成的炭层结构疏松、不致密，则不能起到良好的阻隔作用，因而会增加材料的燃烧性能，降低阻燃效果。

将极限氧指数的测试样条在空气中充分燃烧后，取其表面炭层，通过电子扫描电镜（SEM）观察，结果如图 2-13 所示。从图 2-13（a）和（b）中可以明显地看出EP/PDA 体系测试样品燃烧后炭层表面存在着松散、大的孔洞结构，从图 2-13（c）和（d）中可以观察到 EP/60% PDA/40% DPDHPPO 体系测试样品燃烧后的炭层和 EP/PDA 体系测试样品燃烧后的炭层的表面不同，阻燃后环氧固化物的表面被连续、致密的炭层覆盖,通过 SEM 图像观察到的结果也恰好与锥形量热仪测试后残炭量增加的结果相吻合,这种高质量的炭层能有效地形成一种保护层,阻止热量和氧气在燃烧过程中继续向熔融的材料内部传递,阻止材料的进一步燃烧。

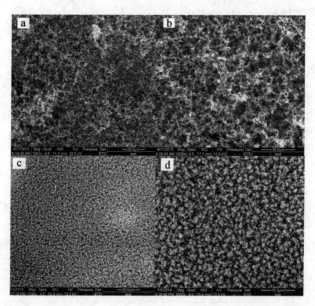

(a) EP/PDA 体系测试样品放大 1 000 倍;(b) EP/PDA 体系测试样品放大 3 000 倍;
(c) EP/60% PDA/40% DPDHPPO 体系测试样品放大 1 000 倍;
(d) EP/60% PDA/40% DPDHPPO 体系测试样品放大 3 000 倍。

图 2-13　炭层表面的 SEM

2.2.7　残炭的 XPS 分析

X-射线电子能谱分析(XPS)是在不破坏样品表面的情况下,研究样品表面化学结构的有效方法。为了研究炭层化学成分和阻燃性能之间的关系,取 EP/PDA 体系和 EP/60% PDA/40% DPDHPPO 体系极限氧指数测试后的残炭进行了分析,所得数据如表 2-11 所示。从表中可以看出阻燃前后的环氧树脂碳元素含量从 78.6% 增加到 83.7%,氮元素含量没有发生改变,氧元素的含量从 19.4% 减小到 12.3%,阻燃后炭层中的磷元素为 2.0%。碳元素的增加表明阻燃固化剂 DPDHPPO 加入后促进了环氧树脂成炭;氧元素的降低主要是由于阻燃后的环氧树脂材料在降解过程中形成更多的 CO、CO_2 和 H_2O 等,从而消耗了更多的氧;阻燃后炭层中产生磷元素表明阻燃固化剂 DPDHPPO 的加入是决定材料阻燃性能的关键因素,对环氧树脂材料成炭有促进作用,能有效地改善环氧树脂材料的阻燃性能。

表 2-11　EP/PDA 体系和 EP/PDA/DPDHPPO 体系炭层通过 XPS 分析所得的元素相对含量

元素	EP/PDA 体系热固物炭层		EP/60% PDA/40% DPDHPPO 体系热固物炭层	
	BE 峰值/eV	原子百分比/%	BE 峰值/eV	原子百分比/%
C1s	284.6	78.6	284.6	83.7
N1s	399.9	2.0	400.3	2.0
O1s	532.0	19.4	532.7	12.3
P2p	141.9	—	133.6	2.0

此外,为了能够进一步研究凝聚相阻燃机理,通过对 XPS 曲线拟合、分峰,进而对阻燃后环氧树脂材料燃烧后炭层中磷元素可能存在的形式进行了研究。拟合后曲线如图 2-14 所示,从图中可以看出,在 133.1 eV 处出现的峰归属于 P—C 键,在 134.1 处出现的峰归属于 O=P—O 键,这些峰位出现的位置与已有的文献报道一致[155]。P—C 键的存在表明阻燃固化剂 DPDHPPO 并没有完全分解,O=P—O 键的出现表明阻燃环氧树脂材料在燃烧过程中生成磷酸类物质,这些磷酸类物质促进了环氧树脂材料的分解,进而形成致密的炭层,起到了隔热、隔氧的作用,阻止了材料的进一步燃烧。

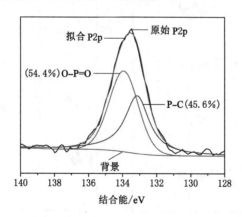

图 2-14　EP/60% PDA/40% DPDHPPO 体系 XPS 拟合曲线

2.2.8　环氧固化物 TGA-FTIR 分析

本章通过热重分析-红外光谱联用技术,仪器升温到 50 ℃,以 10 ℃/min 的升温速率分别对 EP/PDA 和 EP/60% PDA/40% DPDHPPO 两种不同组成的环氧固化体系进行检测,气相的热降解产物在不同温度下对应的红外光谱如图2-15所示。从图2-15(a)中可以看出,在整个降解过程中,当温度升高到410 ℃时,在2 362 cm^{-1}处有较大的吸收峰出现,这些吸收峰应归因于二氧化碳的吸收;此外,在2 940 cm^{-1}处出现的峰应归因于苯环上C—H键碎片的吸收峰;除上述峰形外,在778 cm^{-1}、960 cm^{-1}、1 164 cm^{-1}处出现了环氧树脂材料降解而产生的芳环的吸收峰,随着温度的升高,降解过程的结束,这些峰形也开始相应的减小。而从图2-15(b)中可以看出,2 945 cm^{-1}处和2 362 cm^{-1}处也产生的C—H键吸收峰和二氧化碳吸收峰,但峰形较小,说明阻燃固化剂DPDHPPO的加入有效改善了环氧树脂材料的阻燃性能,使其未发生完全的降解;此外,在1 256 cm^{-1}和1 174 cm^{-1}处分别出现了—P=O键和P—O—C键的特征吸收峰,

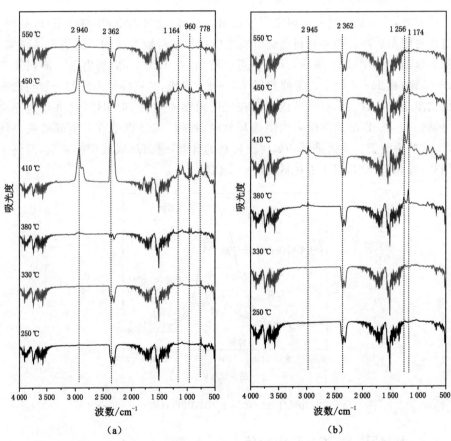

图2-15　不同温度下EP/PDA体系(a)和EP/60% PDA/40% DPDHPPO
体系(b)分解产物的FTIR谱图

这说明 EP/60％ PDA/40％ DPDHPPO 体系在降解过程中有含磷化合物挥发到气相,证明 EP/60％ PDA/40％ DPDHPPO 体系在降解过程中存在气相阻燃机理。

2.2.9 环氧固化物力学性能研究

EP/PDA 体系和 EP/PDA/DPDHPPO 体系的力学性能数据如表 2-12 所示。EP/PDA 体系的拉伸强度为 56.2 MPa,弯曲强度为 89.4 MPa,冲击强度为 7.4 kJ/m²。从表中数据可以看出,随着 DPDHPPO 的加入,试样的拉伸强度、弯曲强度和冲击强度均受到了负面的影响。与 EP/PDA 体系相比较:当阻燃固化剂 DPDHPPO 的添加量为 10％时,体系的拉伸强度为 45.1 MPa,下降了 19.8％,弯曲强度为 72.5 MPa,下降了 18.9％,冲击强度为 6.6 kJ/m²,下降了 10.8％;当添加量为 50％时,拉伸强度为 23.4 MPa,下降了 58.4％,弯曲强度为 36.4 MPa,下降了 59.3％,冲击强度为 2.8 kJ/m²,下降了 62.2％;这种随着阻燃固化剂添加量的增加而出现的力学性能下降的主要原因是 DPDHPPO 结构中存在多个苯环的空间阻碍作用,空间阻碍作用影响了其与环氧基之间的交联反应,使交联度降低,较低的交联度致使环氧树脂材料的力学性能下降。

表 2-12　EP/PDA 和 EP/PDA/DPDHPPO 体系的力学性能

固化剂组成 （PDA/DPDHPPO）	力学性能		
	拉伸强度 /MPa	弯曲强度 /MPa	冲击强度 /(kJ/m²)
100％/0	56.2±0.1	89.4±0.2	7.4±0.1
90％/10％	45.1±0.2	72.5±0.1	6.6±0.2
80％/20％	40.6±0.2	64.1±0.1	5.7±0.1
70％/30％	36.6±0.1	53.6±0.2	4.5±0.2
60％/40％	25.4±0.3	48.8±0.1	3.6±0.3
50％/50％	23.4±0.1	36.4±0.1	2.8±0.2

2.2.10 EP/PDA/DPDHPPO 体系耐水性能研究

环氧树脂具有优异的耐热、耐腐蚀、高黏结性和高绝缘性能,被广泛应用于胶黏剂、复合材料、印刷电路板及电子元件封装材料。然而,强吸水性的基团在环氧树脂材料中的存在限制了环氧树脂在某些领域的应用。例如:水的吸收会导致腐蚀集成电路;水的吸收提高了封装材料的介电常数,导致较低的信号传输速度和更高的信号损失。因而,在环氧树脂材料使用的工业范围中,尤其是电子封装工业对环氧树脂的耐水性要求更高[153]。因此,耐水性是除提高阻燃性能外的另一个问题。本小节中对不同含量阻燃固化剂的环氧树脂材料与吸水性之间的关系进行了比较和讨论,对水处理测试后的阻燃性、热降解行为和力学性能的影响进行了测试和讨论。

2.2.10.1　吸水率与阻燃性能分析

环氧树脂材料的吸水率和阻燃固化剂含量之间的关系如图 2-16 所示。从图中可以看出,阻燃固化剂 DPDHPPO 的加入降低了环氧树脂材料的吸水率。间苯二胺固化的环氧树脂材料水处理后的吸水率为 1.95%,而加入 10% 阻燃固化剂 DPDHPPO 后,环氧树脂材料的吸水率降低到 1.6%。当阻燃固化剂 DPDHPPO 的添加量达到 50% 后,环氧树脂材料的吸水率降低到 1.02%。吸水率的降低主要有以下两个方面的原因:一是,阻燃固化剂替代一部分间苯二胺固化剂后,EP/PDA/DPDHPPO 体系中的亲水基团($-NH_2$)减少使吸水率降低;二是,阻燃固化剂 DPDHPPO 中含多个疏水性芳香苯环结构使吸水率降低。

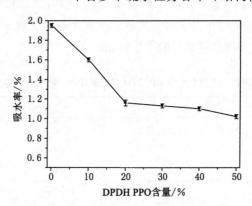

图 2-16　吸水率和阻燃固化剂含量之间的关系

表 2-13 给出了 EP/60% PDA/40% DPDHPPO 体系在水处理前后的极限氧指数和垂直燃烧测试的结果。基于前面的讨论和分析,从表中可以看出水处理前后,极限氧指数仅有微小的变化,但并没有影响 UL-94 垂直燃烧的评级,水煮测试后仍然能通过 UL-94 V-0 级,说明水处理后阻燃固化剂及其制备的阻燃环氧树脂材料仍然具有优异的阻燃性能。

表 2-13　水处理前后阻燃性能

样品	LOI/%	UL-94 垂直燃烧评级	是否有熔滴
水处理前	31.9	V-0	否
水处理后	31.7	V-0	否

2.2.10.2 水处理后锥形量热仪实验分析

EP/60％ PDA/40％ DPDHPPO 体系水处理前后锥形量热仪实验测试结果的对比如图 2-17 和表 2-14 所示。从中可以看出,水处理前后的 HRR、THR 曲线基本重叠,其相关参数变化不大,说明该阻燃固化剂及其制备的阻燃环氧树脂材料具有优异的耐水性能。

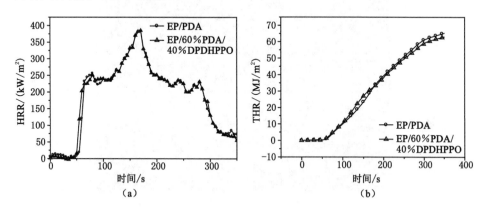

图 2-17 EP/60％ PDA/40％ DPDHPPO 体系水处理前后 HRR(a)和 THR(b)曲线

表 2-14 EP/60％ PDA/40％ DPDHPPO 体系水处理前后锥形量热仪实验测试数据

性质	样品	
	水处理前	水处理后
点燃时间(TTI)/s	51	45
热释放速率第一峰值/(kW/m²)	256.3	250.6
第一峰值出现的时间/s	80	80
热释放速率第二峰值/(kW/m²)	383.7	385.2
第二峰值出现的时间/s	170	170
总热释放量(THR)/(MJ/m²)	68.1	69.2
平均有效燃烧热(av-EHC)/(MJ/kg)	13.2	13.4

2.2.10.3 水处理后 SEM 分析

EP/60％ PDA/40％ DPDHPPO 体系水处理前后炭层的 SEM 图片如图 2-18 所示。从图像可以观察到,样品水处理前后,放大 1 000 倍和 3 000 倍的材料表面均有致密且连续的炭层生成。说明水处理后的 EP/60％ PDA/40％ DPDHPPO 体系的炭层并没有被破坏,也同时说明阻燃固化剂 DPDHPPO 及其制备的环氧树脂固化物具有很强的耐水性。

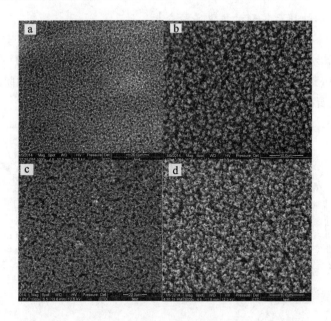

(a) EP/60％ PDA/40％ DPDHPPO 样品水处理前放大 1 000 倍；
(b) EP/60％ PDA/40％ DPDHPPO 样品水处理前放大 3 000 倍；
(c) EP/60％ PDA/40％ DPDHPPO 样品水处理后放大 1 000 倍；
(d) EP/60％ PDA/40％ DPDHPPO 样品水处理后放大 3 000 倍。

图 2-18　EP/60％ PDA/40％ DPDHPPO 体系水处理前后炭层的 SEM 图片

2.2.10.4　水处理后热降解行为

EP/60％ PDA/40％ DPDHPPO 体系水处理前后在氮气气氛下以 10 ℃/min 升温速率的热重分析数据和曲线如表 2-15 和图 2-19 所示。从图中可以看出，EP/60％ PDA/40％ DPDHPPO 体系水处理前后均发生一步降解，所得到的曲线形状相似，最大降解速率大小极其相近，水处理前后 EP/60％ PDA/40％ DPDHPPO 体系 $T_{initial}$、T_{max} 和残炭量数值接近。这些数据表明，耐水测试前后对 EP/60％ PDA/40％ DPDHPPO 体系的热降解行为影响较小，为此说明阻燃固化剂 DPDHPPO 及其制备的环氧树脂固化物具有较强的耐水性。

表 2-15　EP/60％ PDA/40％ DPDHPPO 体系水处理前后在氮气气氛下的热重分析数据

样品	$T_{initial}$/℃	T_{max}/℃	800 ℃时的残炭量/％
水处理前	304.5	380.9	18.5
水处理后	314.8	380.9	19.2

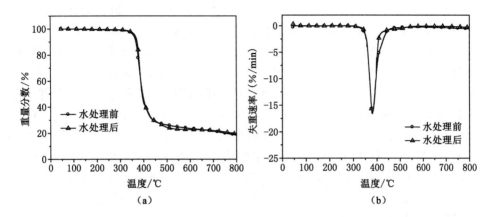

图 2-19 EP/60% PDA/40% DPDHPPO 体系水处理前后
氮气下的 TGA(a)和 DTG(b)曲线

2.2.10.5 水处理后力学性能分析

表 2-16 列出了水处理时间对 EP/PDA 体系、EP/70% PDA/30% DPDHPPO 体系和 EP/60% PDA/40% DPDHPPO 体系力学性能的影响数据。

表 2-16 EP/PDA 和 EP/PDA/DPDHPPO 体系水处理前后力学性能

样品	水处理时间 /d	力学性能		
		拉伸强度 /MPa	弯曲强度 /MPa	冲击强度 /(kJ/m²)
EP/PDA	0	56.2±0.1	89.4±0.1	7.4±0.2
	1	55.6±0.1	88.9±0.2	7.1±0.1
	3	55.2±0.2	88.5±0.1	6.9±0.2
	5	54.7±0.1	88.2±0.1	6.5±0.1
	7	53.2±0.2	87.7±0.2	6.0±0.2
EP/80% PDA/20% DPDHPPO	0	40.6±0.3	64.1±0.2	5.7±0.1
	1	40.4±0.2	63.6±0.1	5.5±0.2
	3	39.9±0.1	63.2±0.2	5.2±0.3
	5	39.5±0.1	62.7±0.1	5.1±0.2
	7	39.1±0.1	62.5±0.2	4.8±0.2
EP/60% PDA/40% DPDHPPO	0	25.4±0.1	48.8±0.2	3.6±0.2
	1	25.3±0.2	48.6±0.1	3.5±0.1
	3	25.1±0.2	48.5±0.1	3.3±0.2
	5	24.9±0.1	48.3±0.2	3.3±0.1
	7	24.7±0.1	48.2±0.2	3.2±0.3

从表 2-16 中可以看出,不同体系的力学性能都呈现出下降的趋势,但下降的程度有所不同。EP/PDA 固化物体系在水处理前的拉伸强度为 56.2 MPa,弯曲强度为 89.4 MPa,冲击强度为 7.4 kJ/m²,经过 7 d 水处理后,三种力学强度分别下降到 53.2 MPa、87.7 MPa 和 6.0 kJ/m²,下降的幅度分别为 5.3%、1.9% 和 18.9%。对于 EP/80% PDA/20% DPDHPPO 体系,水处理后拉伸、弯曲和冲击强度分别由 40.6 MPa、64.1 MPa 和 5.7 kJ/m² 下降到 39.1 MPa、62.5 MPa 和 4.8 kJ/m²,下降幅度分别为 3.7%、2.5% 和 15.8%。对于 EP/60% PDA/40% DPDHPPO 体系,水处理后拉伸、弯曲和冲击强度分别由 25.4 MPa、48.8 MPa 和 3.6 kJ/m² 下降到 24.7 MPa、48.2 MPa 和 3.2 kJ/m²,分别降低了 2.8%、1.2% 和 11.1%。力学性能下降的主要原因是环氧树脂基体在水处理后发生老化或少量阻燃固化剂发生分解。

以上耐水性测试表明,阻燃固化剂 DPDHPPO 的应用在改善环氧树脂阻燃性能的同时,也能够使环氧树脂的耐水性得到增强。

2.3　本章小结

（1）本章主要合成了一种新型的含磷阻燃固化剂二苯基-(2,5-二羟基-苯基)-氧化磷(DPDHPPO),详细研究了原料物质的量的比、反应温度、溶剂用量、反应时间和溶剂种类对产物产率的影响。结果表明,DPDHPPO 的最佳合成条件为:$n_{二苯基氧磷} : n_{对苯醌} = 1:1.2$,甲苯作为溶剂,溶剂用量为 140 mL(0.1 mol 二苯基氧磷),反应温度为回流温度,反应时间 20 h,产率为 88.1%。分别采用了 FTIR、^{1}HNMR、^{13}CNMR、^{31}P NMR 对 DPDHPPO 的结构进行了分析和讨论,证实目标产物与最初设计阻燃固化剂分子结构相符合。

（2）将阻燃固化剂 DPDHPPO 以不同比例与间苯二胺作为共固化剂固化环氧树脂。采用 LOI 和 UL-94 对不同组成的环氧树脂进行了阻燃测试,结果表明:EP/60% PDA/40% DPDHPPO 体系的 LOI 值为 31.9%,并通过垂直燃烧测试的 UL-94 V-0 级;当阻燃固化剂的比例逐渐增加到 50% 时,LOI 数值升高幅度减小,显示为 32.1%,同样能通过 UL-94 V-0 级测试。通过锥形量热仪实验对 EP/PDA 体系和 EP/60% PDA/40% DPDHPPO 体系的燃烧行为进行了分析和讨论。结果表明 DPDHPPO 的加入使环氧树脂材料的 HRR、THR 和 av-EHC 等参数都有明显的降低,残炭量有所升高。

（3）热重分析结果表明:随着阻燃固化剂 DPDHPPO 含量的增加,阻燃环氧树脂材料在降解过程中初始降解温度降低,残炭量逐渐升高,证明阻燃固化剂的加入促进环氧树脂材料的提前分解,并使环氧树脂材料的成炭能力得到增强。

（4）TGA-FTIR 测试表明：阻燃固化剂 DPDHPPO 的加入使阻燃环氧树脂材料在降解过程中有含磷化合物挥发到气相，气相阻燃机理的存在使环氧树脂材料在降解过程中延缓或终止材料的进一步降解。

（5）采用 SEM 和 XPS 分析方法对 EP/PDA 和 EP/60％ PDA/40％ DPDHPPO 体系的残炭形貌和残炭的化学成分进行了研究。SEM 结果证实阻燃固化剂的加入促进环氧树脂形成均匀、致密的炭层，提高了其成炭能力；XPS 结果证实 DPDHPPO 固化后环氧树脂材料燃烧后的炭层中有磷酸类物质生成。

（6）力学性能测试结果表明：阻燃固化剂 DPDHPPO 的加入对环氧树脂材料的力学性能产生一定的负面影响，表现出拉伸、弯曲和冲击强度有所下降。

（7）随着阻燃固化剂含量的不断增加，环氧树脂的吸水率逐渐降低。水处理对 EP/PDA/DPDHPPO 体系的阻燃性能和热稳定性影响较小。水处理后，EP/PDA/DPDHPPO 体系的力学性能略有降低，但随着 DPDHPPO 含量的增加，力学性能降低的幅度逐渐减小。结果表明 EP/PDA/DPDHPPO 体系具有优异的耐水性能。

3 DPDCEPO 的合成及
阻燃环氧树脂的研究

在上一章中成功设计并合成出只含有 P—C 键的含磷对苯二酚衍生物固化剂，虽然表现出较好的阻燃效果、热稳定性能和耐水性能，但该阻燃固化剂在使用过程中添加的质量份数较高。本章设计并合成了另外一种只含 P—C 键的二羧酸型含磷阻燃固化剂——二苯基-(1,2-二羧基-乙基)-氧化磷[diphenyl-(1,2-dicarboxyl-ethyl)-phosphine oxide,DPDCEPO]，并对其合成反应条件、与邻苯二甲酸酐(PA)共固化环氧树脂材料的阻燃性能和热稳定性能进行了研究，对其结构进行了表征，并对其阻燃机理进行初步的探讨。

3.1 实验部分

3.1.1 主要原料

二苯基氧磷(DPO)	青岛富斯林化工科技有限公司	工业级
马来酸(MA)	天津市光复精细化工研究所	分析纯
邻苯二甲酸酐(PA)	天津市光复精细化工研究所	分析纯
无水乙醇	天津市光复精细化工研究所	分析纯
丙酸	天津市光复精细化工研究所	分析纯
乙酸	天津市科密欧化学试剂有限公司	分析纯
环氧树脂(E-44,G 为 0.47)	广州合孚化工有限公司	工业级

3.1.2 二苯基-(1,2-二羧基-乙基)-氧化磷(DPDCEPO)的合成

DPDCEPO 的合成路线如图 3-1 所示。将 40.4 g(0.2 mol)DPO 加入 500 mL 带有球形冷凝管、温度计、机械搅拌和气体保护装置的四口圆底烧瓶中，在氮气保护下加热到 70 ℃，待 DPO 全部熔融后，加入 27.9 g(0.24 mol)马来酸，熔融后，慢慢加入 200 mL 丙酸，反应物在回流状态下连续搅拌反应 25 h。然后冷却到室温，减压蒸馏出丙酸，获得的粗产品用乙酸和乙醇洗涤，直到粗产品中检测不到 2 374 cm^{-1} 处的红外吸收峰，说明产物中不再有未参加反应的 DPO。获得的产品在 80 ℃下真空干燥，得到白色粉末状产品，产率为 85.2%，纯度为 99.8%，熔点为 144.5～145.5 ℃。

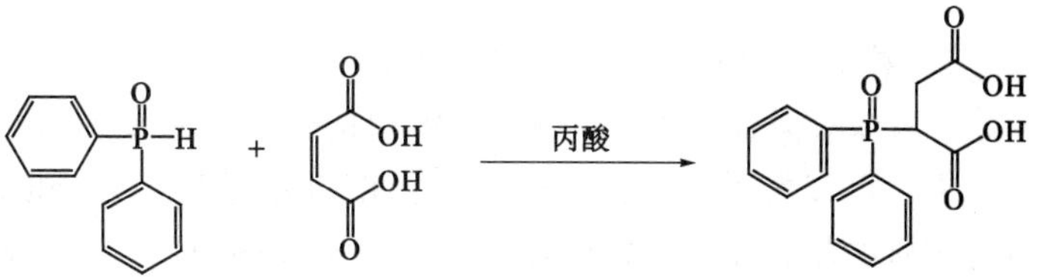

图 3-1 DPDCEPO 的合成路线图

3.1.3 DPDCEPO 结构表征

结构表征方法见 2.1.3 中内容。

3.1.4 阻燃环氧树脂固化物的制备

合成得到的阻燃固化剂 DPDCEPO 和邻苯二甲酸酐(PA)在室温下按照质量比为 0 : 100、5 : 95、10 : 90、15 : 85、20 : 80、25 : 75 均匀混合。100 g 环氧树脂所用固化剂的量按式(3-1)进行计算[156]：

$$m = w_{PA} \times k \times AE_{PA} \times G + w_{DPDCEPO} \times k \times AE_{DPDCEPO} \times G \qquad (3-1)$$

式中，m 为阻燃固化剂(DPDCEPO)和邻苯二甲酸酐(PA)质量的总和；k 为系数，依酸酐的种类和性能要求不同而异，约为 0.70~0.90，一般的酸酐 $k=0.85$，有促进剂存在时 $k=1$，本实验中根据固化效果选择 $k=0.85$；w_{PA} 和 $w_{DPDCEPO}$ 分别为固化剂 PA 和 DPDCEPO 的质量百分含量；AE_{PA} 和 $AE_{DPDCEPO}$ 分别为 PA 和 DPDCEPO 成酸酐时的酸酐当量，酸酐官能团数为 1 时，即相对分子质量；G 为所用环氧树脂的环氧值。

将环氧树脂(E-44)和固化剂按照比例于油浴下 120 ℃混合均匀后，置于自制各待测样品规格的模具中，于 160 ℃预固化 3 h，200 ℃固化 3 h。

将固化后的样品逐渐冷却至室温，以防止开裂，将样品从自制模具中脱模，准备性能测试。

3.1.5 固化物性能测试

固化物性能测试方法见 2.1.5 中内容。

3.2 结果与讨论

3.2.1 DPDCEPO 的合成条件研究

实验中分别考察了原料的物质的量比、反应温度、溶剂用量、反应时间、溶剂种类等对 DPDCEPO 产率的影响，其中产率的计算以二苯基氧磷(DPO)完全参加反应为基准。

3.2.1.1 反应原料配比对 DPDCEPO 产率的影响

表 3-1 为二苯基氧磷(DPO)和马来酸(MA)的物质的量比对 DPDCEPO 产率的影响。从表中可以看出,用丙酸作为溶剂,溶剂用量恒定时,随着二苯基氧磷和马来酸的物质的量比由 1∶1 增加到 1∶1.2,DPDCEPO 的产率由 76.4% 增加到 83.1%。而随着马来酸添加比例逐渐增加时,产品产率呈现下降趋势。产生这种现象的主要原因是:大量的马来酸未能完全参与反应,给反应后处理,尤其是提纯过程带来很多困难,使产品损失较多,本实验中控制二苯基氧磷和马来酸的物质的量比为 1∶1.2。

表 3-1   二苯基氧磷和马来酸的物质的量的比对 DPDCEPO 产率的影响

序号	DPO(0.2 mol)∶MA	溶剂用量/mL	反应时间/h	反应温度/℃	产率/%
1	1∶1	200	20	回流	76.4
2	1∶1.1	200	20	回流	78.7
3	1∶1.2	200	20	回流	83.1
4	1∶1.3	200	20	回流	79.6
5	1∶1.4	200	20	回流	78.1

3.2.1.2 反应温度对 DPDCEPO 产率的影响

反应温度对 DPDCEPO 产率的影响列于表 3-2 中。从表中可以看出,以丙酸为溶剂,反应物的物质的量比、溶剂用量和反应时间固定时,随着温度的升高,产品的产率呈现逐渐升高的趋势,当温度升高到 120 ℃时获得的产率最高,为了易于控制反应,使反应在回流温度下进行。

表 3-2   反应温度对 DPDCEPO 产率的影响

序号	DPO(0.2 mol)∶MA	溶剂用量/mL	反应时间/h	反应温度/℃	产率/%
1	1∶1.2	200	20	60	65.1
2	1∶1.2	200	20	80	81.6
3	1∶1.2	200	20	100	82.8
4	1∶1.2	200	20	120	85.5
5	1∶1.2	200	20	回流	83.1

3.2.1.3　溶剂用量对 DPDCEPO 产率的影响

表 3-3 为丙酸溶剂使用量对 DPDCEPO 产率的影响。从表中可以看出,反应物的物质的量比为 1∶1.2、反应时间为 20 h 时,随着溶剂用量的不断增加,产率呈现先上升后下降的趋势,当溶剂用量为 200 mL 时,产品的产率最高,继续增加到 250 mL 时,产品的产率迅速下降到 45.7%。产率下降的主要原因是:溶剂用量过大,两种反应物在体系中分子碰撞的机会减少。因此,本实验最终选择参与反应的溶剂用量为 200 mL(DPO 为 0.2 mol 时)。

表 3-3　溶剂用量对 DPDCEPO 产率的影响

序号	DPO(0.2 mol)∶MA	溶剂用量/mL	反应温度/℃	反应时间/h	产率/%
1	1∶1.2	150	回流	20	76.5
2	1∶1.2	175	回流	20	80.6
3	1∶1.2	200	回流	20	83.1
4	1∶1.2	225	回流	20	64.3
5	1∶1.2	250	回流	20	45.7

3.2.1.4　反应时间对 DPDCEPO 产率的影响

表 3-4 列出了不同反应时间下 DPDCEPO 的产率。随着反应时间由 5 h 增加到 25 h 时,最终产品 DPDCEPO 的产率由 23.4% 增加到 85.2%。但当反应时间继续延长时,DPDCEPO 的产率则增加不明显,从经济角度考虑,时间延长则增加成本,无太大意义,因此实验中控制反应时间在 25 h。

表 3-4　反应时间对 DPDCEPO 产率的影响

序号	DPO(0.2 mol)∶MA	溶剂用量/mL	反应温度/℃	反应时间/h	产率/%
1	1∶1.2	200	回流	5	23.4
2	1∶1.2	200	回流	10	50.1
3	1∶1.2	200	回流	15	75.4
4	1∶1.2	200	回流	20	83.1
5	1∶1.2	200	回流	25	85.2
6	1∶1.2	200	回流	30	85.4

3.2.1.5　溶剂种类对 DPDCEPO 产率的影响

实验中以乙酸作为溶剂时的回流温度(118 ℃)为基准,分别考察了三种不同溶剂对产品 DPDCEPO 产率的影响,如表 3-5 所示。从表中可以看出,在以丙酸作为溶剂时获得了 84.3% 的较高产率。以乙酸作为溶剂时,DPDCEPO 的产率表现为最低,仅为 45.6%。通过对三种溶剂的比较,DPDCEPO 的产率从大到小的顺序依次为丙酸>混合溶剂>乙酸。因而,实验中我们选择丙酸作为反应溶剂。

表 3-5　溶剂种类对 DPDCEPO 产率的影响

序号	DPO：MA	溶剂种类	反应温度 /℃	反应时间 /h	产率 /%
1	1：1.2	乙酸：丙酸(1：1)	118	25	54.3
2	1：1.2	乙酸	118	25	45.6
3	1：1.2	丙酸	118	25	84.3

3.2.2　DPDCEPO 的结构表征与分析

3.2.2.1　FTIR 谱图

马来酸(MA)、二苯基氧磷(DPO)和产物 DPDCEPO 的红外光谱如图 3-2 所示。从图中曲线(a)中可以看出,3 055 cm^{-1} 为—OH 键的伸缩振动吸收峰,1 639 cm^{-1} 归属 C=C 双键的伸缩振动吸收峰,1 708 cm^{-1} 为羰基的伸缩振动吸收峰。从曲线(b)中可以看出,化学位移 3 051 cm^{-1} 处的吸收峰为苯环上 C—H 键的伸缩振动吸收峰;2 374 cm^{-1} 处为 P—H 键的伸缩振动吸收峰,1 439 cm^{-1} 处为 P—C 键的伸缩振动吸收峰,1 188 cm^{-1} 为 P=O 键的伸缩振动吸收峰;从曲线(c)中可以看出,存在于曲线(a)中 C=C 双键伸缩振动吸收峰和曲线(b)中

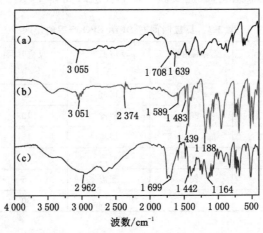

图 3-2　MA(a)、DPO(b)和 DPDCEPO(c)的红外光谱图

P—H 键伸缩振动吸收峰消失,说明 MA 中的 C=C 双键与 DPO 中 P—H 键完全参与了化学反应。此外,从曲线(c)中还可以看出,在 2 962 cm^{-1} 处的宽峰为羧羟基伸缩振动吸收峰,1 699 cm^{-1} 处为 C=O 双键吸收峰,1 442 cm^{-1} 处为 P—C 键的伸缩振动吸收峰,1 164 cm^{-1} 为 P=O 双键伸缩振动吸收峰。

3.2.2.2 NMR 谱图

^{1}H NMR 谱图如图 3-3 所示。图中位于 $(7.528 \sim 7.615) \times 10^{-6}$ 处的多重峰为苯环 1,2,3 位置质子的化学位移。由于 4 处质子直接与强吸电子基团相连接,其化学位移向低场移动,因此位于 $(7.874 \sim 7.923) \times 10^{-6}$ 处的峰为苯环上 4位置质子的化学位移。位于 $(2.304 \sim 2.876) \times 10^{-6}$ 处的峰为碳链 5 处亚甲基质子的化学位移。位于 $(4.087 \sim 4.155) \times 10^{-6}$ 处的峰为碳链 6 处次甲基质子的化学位移。位于 11.305×10^{-6} 处的峰为羧基上质子 7、8 的特征峰。

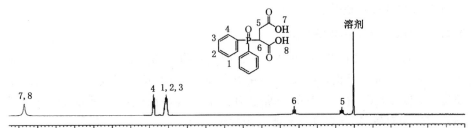

图 3-3 DPDCEPO 的 ^{1}H NMR 谱图

^{13}C NMR 谱图如图 3-4 所示。图中位于 $(128.29 \sim 131.32) \times 10^{-6}$ 处的峰为直接与磷原子相连苯环上碳原子 1~4 的化学位移。位于 169.30×10^{-6} 和 172.11×10^{-6} 处的峰分别为 5 和 8 处羧基碳原子特征峰。位于 30.70×10^{-6} 和 43.50×10^{-6} 处的峰分别为 6 和 7 处碳原子的化学位移。

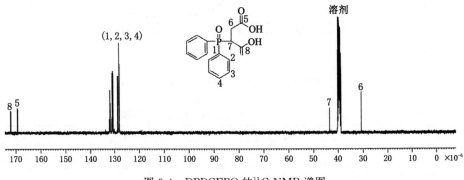

图 3-4 DPDCEPO 的 ^{13}C NMR 谱图

图 3-5 所示为阻燃固化剂 DPDCEPO 的 ^{31}P NMR 谱图,该谱图中在 34.33×10^{-6}处只有一个峰,这表明产物的磷原子有唯一的化学环境,说明产物的纯度较高。

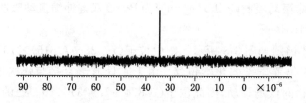

图 3-5　DPDCEPO 的 ^{31}P NMR 谱图

以上谱图证实了产物的分子结构与设计的目标分子结构相同,说明阻燃固化剂 DPDCEPO 被成功合成。

3.2.3　DPDCEPO 热降解行为

阻燃固化剂 DPDCEPO 的热重分析数据和曲线如图 3-6 和表 3-6 所示。从表 3-6 中数据可以看出,DPDCEPO 的初始降解温度(按质量损失为 1% 对应的温度)为 117.9 ℃,700 ℃时的残炭量为 4.4%,表明阻燃固化剂 DPDCEPO 的热稳定性相对较弱,其自身成炭能力相对较低。

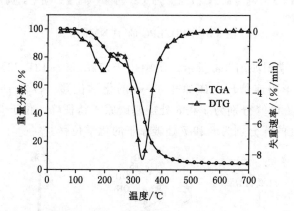

图 3-6　DPDCEPO 在氮气气氛下的 TGA 和 DTG 曲线

表 3-6　DPDCEPO 氮气氛围下热重分析数据

样品	$T_{initial}$ /℃	R_{1peak}/T_{1peak} [(%/min)/℃]	R_{2peak}/T_{2peak} [(%/min)/℃]	700 ℃时的残炭量
DPDCEPO	117.9	2.6/189.5	8.3/331.2	4.4

从图 3-6 中的曲线可以看出,DPDCEPO 的降解分为两个阶段:第一个阶段发生在 115~220 ℃之间,最大失重速率为 2.6 %/min,对应的最大热分解温度为 189.5 ℃,推测是阻燃固化剂 DPDCEPO 结构中与羧基相连接的 α 炭上连有吸电子基团导致发生脱羧反应而产生的;第二个阶段发生在 250~500 ℃之间,最大失重速率为 8.3 %/min,此时对应的分解温度为 331.2 ℃,推测是 DPDCEPO 结构中 P—C 键和苯环结构发生分解而产生的。

3.2.4 固化物阻燃性能分析

3.2.4.1 EP/PA/DPDCEPO 体系的阻燃性能

EP/PA 体系和 EP/PA/DPDCEPO 体系的垂直燃烧测试和极限氧指数测试结果如表 3-7 所示。从表中可以看出,邻苯二甲酸酐(PA)固化的纯环氧树脂 LOI 为 23.6%,不能通过 UL-94 评级的任何一个级别,且在燃烧过程中有熔滴产生,达不到阻燃要求。当添加 5%阻燃固化剂 DPDCEPO 作为共固化剂替代一部分 PA 后,环氧固化物的阻燃性能有了很明显的提高,LOI 提高到 25.6%,虽然仍不能通过评级,但是熔滴现象消失。当 DPDCEPO 的含量增加到 10%时,LOI 值迅速上升到 29.4%,垂直燃烧测试通过了 UL-94 V-2 级。当 DPDCEPO 的含量继续增加到 15%时,LOI 值提高到 31.0%,垂直燃烧测试通过 UL-94 V-1 级。当 DPDCEPO 的含量达到 20%和 25%时,LOI 值分别达到了 33.2%和 34.5%,并都能通过 UL-94 V-0 级。

表 3-7 EP/PA 和 EP/PA/DPDCEPO 体系的组成和阻燃测试结果

样品	EP /%	DPDCEPO /%	PA /%	LOI /%	UL-94 垂直测试	是否有熔滴
EP/PA	62.9	0	37.1	23.6	未通过	是
EP/95% PA/5% DPDCEPO	61.5	4.0	34.5	25.6	未通过	否
EP/90% PA/10% DPDCEPO	60.3	7.7	32.0	29.4	V-2	否
EP/85% PA/15% DPDCEPO	59.0	11.3	29.7	31.0	V-1	否
EP/80% PA/20% DPDCEPO	57.9	14.7	27.4	33.2	V-0	否
EP/75% PA/25% DPDCEPO	56.8	18.1	25.1	34.5	V-0	否

近几年,许多带有羧基的含磷化合物都被报道应用于环氧树脂的阻燃,尤其是以 DOPO 为主的带有羧基的含磷阻燃剂添加到环氧树脂中已经被广泛地使用[54,55,71,72]。例如,Wang 等[71]报道了用 DOPO 与马来酸进行加成反应来制备 DOPO 基的羧酸固化剂,当磷含量达到 1.7%时才能达到阻燃要求。而本研究当磷含量达到理论计算值 1.52%(20%)时,就通过了 UL-94 V-0 级测试,而

上一章所研究的阻燃固化剂 DPDHPPO 的添加量需要达到 40％时，才能通过 UL-94 V-0 级测试，说明阻燃固化剂 DPDCEPO 具有更加优异的阻燃性能。

3.2.4.2 EP/PA/DPDCEPO 体系的燃烧行为

为了进一步研究阻燃固化剂 DPDCEPO 对固化后环氧树脂材料燃烧行为的影响，本实验中对 EP/PA 体系和 EP/80％ PA/20％ DPDCEPO 体系进行了锥形量热仪测试，其分析测试内容如下：

（1）点燃时间（TTI）

从表 3-8 中可以看出，EP/PA 体系固化物的 TTI 值为 55 s，而 EP/60％ PA/40％DPDCEPO 体系固化物的 TTI 则为 50 s，该体系的 TTI 值小于 EP/PA 体系。TTI 值变化的原因可能是：在空气燃烧的前提下，阻燃环氧固化物中的 P−C 键发生分解而生成酸类物质，酸类物质的生成加速环氧树脂基体的降解，促使阻燃环氧固化物提前被点燃。

表 3-8 EP/PA 和 EP/PA/DPDCEPO 体系的锥形量热仪测试结果
（热辐射功率为 50 kW/m²）

性质	样品	
	EP/PA	EP/60％ PA/40％ DPDCEPO
TTI/s	55	50
热释放速率第一个峰值/(kW/m²)	408.4	336.2
第一个峰值出现的时间/s	85	130
热释放速率第二个峰值/(kW/m²)	786.2	373.9
第二个峰值出现的时间/s	165	185
热释放速率第三个峰值/(kW/m²)	710.3	—
第三个峰值出现的时间/s	205	—
热释放速率第四个峰值/(kW/m²)	706.1	—
第四个峰值出现的时间/s	230	—
THR/(MJ/m²)	129.2	90.6
av-EHC/(MJ/kg)	22.9	17.5
残炭量(400 min)/％	4.6	6.3

（2）热释放速率（HRR）和总热释放量（THR）

EP/PA 体系和 EP/80％ PA/20％ DPDCEPO 体系的热释放速率（HRR）和总热释放量（THR）随着时间不断变化的曲线如图 3-7 所示。从图 3-7(a)中可以观察到，在开始燃烧的 80 s 内，EP/PA 体系样品的热释放速率迅速增长，在

85 s 时形成第一个峰为 408.4 kW/m², 主要是由于环氧固化物表面开始燃烧放热形成的, 在 165 s 形成第二个峰, 也是最大峰, 数值为 786.2 kW/m², 主要是样品表面形成的炭层不够坚固, 材料继续分解、燃烧放热形成的。之后又形成两个峰, 主要是由于炭层不断形成和反复开裂产生。产生第四个峰后, HRR 值迅速下降, 直至 540 s 样品完全燃烧, 显示 THR 为 129.2 MJ/m²。EP/80% PA/20% DPDCEPO 体系在整个燃烧过程中出现两个峰, 第一个峰出现的时间在130 s, 数值为 336.2 kW/m², 主要是由于材料初始燃烧阶段, 火焰在材料表面迅速蔓延传播。第二个峰出现在 185 s, 数值为 373.9 kW/m², 主要是由于阻燃固化剂的加入使环氧树脂材料逐渐形成炭层。之后 HRR 数值平缓下降, 直至燃烧完全, 显示 THR 值为 90.6 MJ/m²。EP/80% PA/20% DPDCEPO 体系同EP/PA 体系相比较, 最大峰值下降了 412.3 kW/m², 降低了 52.4%, 该结果表明阻燃后的环氧树脂材料的热释放得到了有效的降低; 总热释放量的降低表明EP/80% PA/20% DPDCEPO 体系并没有完全燃烧, 可能经历了一个炭层的形成过程, 进而阻燃材料内层的进一步燃烧。

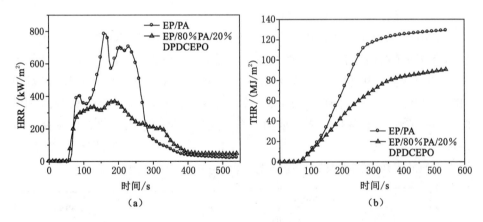

图 3-7　EP/PA 体系和 EP/PA/DPDCEPO 体系的 HRR(a)和 THR(b)曲线

（3）残炭量（RM）

锥形量热仪数据分析中给出的残炭量（RM）曲线如图 3-8 所示, EP/PA 体系测试结束时的残炭量为 4.6%, 而 EP/80% PA/20% DPDCEPO 体系测试结束时残炭量为 6.3%。这说明阻燃固化剂的加入有效阻止了环氧树脂材料的完全降解, 并且能够促进环氧树脂材料成炭。虽然 EP/PA 体系和 EP/80% PA/20% DPDCEPO 体系在阻燃性能测试中存在较大差别, 但从锥形量热仪数据中获得的两种体系的 RM 曲线差别不是非常明显, 这一结果可能是材料燃烧分解后残炭易飞散和锥形量热仪分析实验的测试条件所致。但同上一章中 EP/60%

PDA/40% DPDHPPO 体系相比较,其成炭能力低于 EP/60% PDA/40% DPDHPPO 体系。

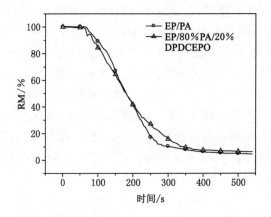

图 3-8　EP/PA 体系和 EP/PA/DPDCEPO 体系的 RM 曲线

(4) 烟释放速率(SPR)和总烟释放量(TSP)

图 3-9 为 EP/PA 体系和 EP/80% PA/20% DPDCEPO 体系烟释放速率和总烟释放量随时间变化的关系曲线图。从图中可以看出 EP/PA 体系的 SPR 值为 0.32 m^2/s,TSP 值为 51.8 m^2。而 EP/80% PA/20% DPDCEPO 体系的 SPR 值为 0.37 m^2/s,TSP 值为 71.2 m^2。二者相比较,阻燃后环氧树脂的 SPR 曲线的峰值和 TSP 数值均有所增加。产生这种现象的原因主要有以下两个方面:一是,阻燃固化剂的苯环结构在材料分解过程中会产生大量的烟雾;二是,阻燃固化剂的阻燃作用使材料不能够充分燃烧,从而产生大量烟雾。

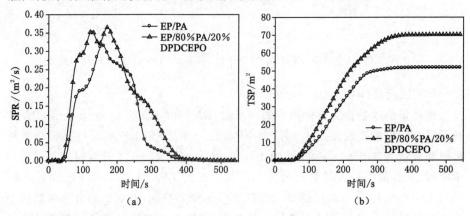

图 3-9　EP/PA 体系和 EP/PA/DPDCEPO 体系的 SPR(a)和 TSP(b)曲线

（5）CO 生成速率（COPR）和 CO_2 生成速率（CO_2PR）

图 3-10 为 EP/PA 体系和 EP/80％ PA/20％ DPDCEPO 体系 CO 生成量和 CO_2 生成速率随时间变化的关系曲线图。从曲线图中可以看出，EP/80％ PA/20％ DPDCEPO 体系的 CO 生成速率峰值高于 EP/PA 体系，而其 CO_2 生成速率的峰值低于 EP/PA 体系，CO 生成速率峰值的升高和 CO_2 生成速率峰值的降低表明：阻燃固化剂 DPDCEPOD 的加入有效改善了材料的阻燃性能，使材料不能充分进行燃烧。

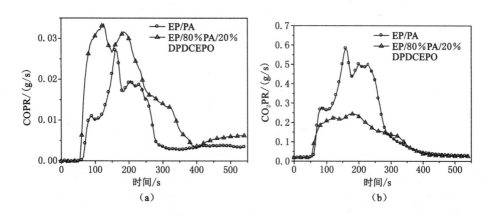

图 3-10　EP/PA 体系和 EP/PA/DPDCEPO 体系的 COPR（a）和 CO_2PR（b）曲线

（6）平均有效燃烧热（av-EHC）

从表 3-8 中可以看出，EP/PA 体系平均有效燃烧热为 22.9 MJ/kg，而 EP/80％ PA/20％ DPDCEPO 体系平均有效燃烧热为 17.5 MJ/kg，降低了 23.6％。平均有效燃烧热的减小表明 EP/80％ PA/20％ DPDCEPO 体系在燃烧过程中单位质量产生的可燃性挥发物减少，同时，也可能产生大量的非可燃气体有效地稀释了周围氧或者可燃气体的浓度，从而导致可燃性挥发物在气相中燃烧不完全，这与阻燃环氧树脂燃烧后 CO 生成量增加的结果相吻合，这说明 EP/80％ PA/20％ DPDCEPO 体系在燃烧过程中存在气相阻燃机理。

锥形量热仪的测试结果表明，阻燃固化剂 DPDCEPO 的加入使环氧树脂材料在初始燃烧阶段分解速度加快，提高了环氧树脂材料的成炭能力，降低了可燃性挥发物的燃烧程度，凝聚相和气相阻燃的共同作用能够明显改善环氧树脂的阻燃性能，说明 DPDCEPO 是一种有效的阻燃固化剂。

3.2.5　阻燃环氧固化物热降解行为

图 3-11 和表 3-9 为 EP/PA 体系、EP/85％ PA/15％ DPDCEPO 体系和

EP/80％ PA/20％ DPDCEPO 体系在氮气气氛下以 10 ℃/min 升温速率的热重分析曲线和数据。从图 3-11 和表 3-9 中可以看出：EP/PA 体系的初始降解温度 $T_{initial}$（重量分数为 1％）为 270.2 ℃，在氮气气氛下发生了两步降解：第一步降解峰值对应的温度 T_{max1} 为 397.9 ℃，最大失重速率为 9.59 ％/min；第二步降解峰值对应的温度 T_{max2} 为 676.6 ℃，最大失重速率为 1.36 ％/min，800 ℃时残炭量为 0。产生这两步降解的主要原因是未阻燃的环氧树脂材料在初始阶段生成了较为不稳定的炭层，当温度逐渐升高后，不稳定的炭层又逐渐开始分解，由此产生了两个峰。当阻燃固化剂 DPDCEPO 加入后，有效地影响了环氧树脂材料的热降解行为，EP/85％ PA/15％ DPDCEPO 体系的初始降解温度由原来的 270.2 ℃变化为 240.7 ℃，降解过程也分为两个阶段：第一个阶段的降解峰值出现在 403.5 ℃，最大失重速率为 9.69 ％/min；第二个阶段的降解峰值对应的温度和 EP/PA 体系的温度接近，但是第二个阶段的失重速率很小仅为 0.76 ％/min，800 ℃时的残炭量由 0 增加到 5.3％；当阻燃固化剂的含量增加到 20％时，初始降解温度降低到 202.6 ℃，降解峰值对应的温度为 399.6 ℃，最大失重速率为 10.83 ％/min。然而，在 500～800 ℃之间出现的二次降解峰消失，且残炭量提高到 10.0％。初始降解温度的降低表明：阻燃固化剂能够促使环氧树脂材料在较低温度下分解，这与 DPDCEPO 能够在较低温度下分解的热重分析数据相吻合；残炭量的增加和第二个降解峰的消失表明：阻燃固化剂的加入改善了环氧树脂材料的成炭能力，促进了炭层的形成，说明 DPDCEPO 是一种有效的阻燃固化剂。

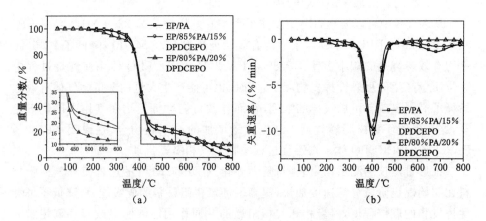

图 3-11 EP/ PA 体系和 EP/PA/DPDCEPO 体系在
氮气气氛下的 TGA(a)和 DTG(b)曲线

表 3-9　EP/PA 体系和 EP/PA/DPDCEPO 体系在氮气气氛下的热重分析数据

样品	$T_{initial}$ /℃	T_{max1} /℃	T_{max2} /℃	800 ℃时残炭量 /%
EP/PA	270.2	397.9	676.6	0
EP/85% PA/15% DPDCEPO	240.7	403.5	676.7	5.3
EP/80% PA/20% DPDCEPO	202.6	399.6	—	10.0

图 3-12 和表 3-10 为 EP/PA 体系、EP/85% PA/15% DPDCEPO 体系和 EP/80% PA/20% DPDCEPO 体系在空气气氛下以 10 ℃/min 升温速率的热重分析曲线和数据。从图中可以看出 EP/PA 体系的初始降解温度为 269.9 ℃,降解过程分为两步:第一步降解峰值出现在 402.1 ℃,最大失重速率为 9.06 %/min;第二步降解峰值出现在 565.8 ℃,最大失重速率为 2.58 %/min,800 ℃时的残炭量为 0.2%。EP/85% PA/15% DPDCEPO 体系的初始降解温度降低到 249.9 ℃,降解过程仍然分为两步:第一步降解峰值出现在 397.4 ℃,最大失重速率为 8.69 %/min;第二步降解峰值出现在 597.4 ℃,最大失重速率为 2.38 %/min,800 ℃时的残炭量增加到 1.0%。当阻燃固化剂的含量继续增加到 20% 时,初始降解温度降低到 207.0 ℃,降解过程仍然分为两步:第一步降解峰值出现在 389.2 ℃,最大失重速率为 8.70 %/min;第二步降解峰值出现在 607.1 ℃,最大失重速率为 2.11 %/min,800 ℃时的残炭量增加到 1.2%。初始降解温度的降低表明:阻燃固化剂 DPDCEPO 的分解生成磷酸类物质,这些酸类物质使环氧树脂材料提前发生降解;残炭量的增加表明:DPDCEPO 的加入使环氧树脂材料的成炭能力增强;此外,EP/PA 体系、EP/85% PA/15% DPDCEPO 体系和 EP/80% PA/20% DPDCEPO 体系均发生两步降解,不同的是:随着 DPDCEPO 含量的增加,第一步最大失重速率对应的温度有所降低,而第二步最大失重速率对应的温度有所降低,这一现象进一步表明,DPDCEPO 的加入促进了环氧树脂材料提前发生降解,进而形成更加稳定的炭层。同氮气气氛下的热重测试相比较,有以下几个不同的方面:阻燃后的环氧树脂体系均发生两步降解,这主要是由于空气的热氧化作用使降解初期形成的炭层继续分解产生;在空气气氛下 400～600 ℃ 的温度范围内,EP/85% PA/15% DPDCEPO 体系和 EP/80% PA/20% DPDCEPO 体系的 TGA 曲线在 EP/PA 体系的上方,这与氮气气氛下的测试恰好相反,如图 3-11(a)和图 3-12(a)的局部放大图所示。这主要是由于阻燃固化剂在空气的热氧化作用下发生分解生成磷酸类物质,磷酸类物质促进环氧树脂材料形成相对稳定的炭层,随着温度的继续升高,形成的炭层在热氧化作用下继续分解;此外,阻燃后的环氧树脂材料残炭量相对较低,这主要是由于空气的热

氧化作用使炭层的分解更加完全。

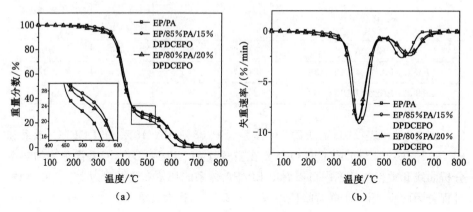

(a)   (b)

图 3-12 EP/PA 体系和 EP/PA/DPDCEPO 体系在空气气氛下的 TGA(a)和 DTG(b)曲线

表 3-10 EP/PA 体系和 EP/PA/DPDCEPO 体系在空气气氛下的 TGA 数据

样品	$T_{initial}$ /℃	T_{max1} /℃	T_{max2} /℃	800 ℃时的残炭量 /%
EP/ PA	269.9	402.1	565.8	0.2
EP/85% PA/15% DPDCEPO	249.9	397.4	597.4	1.0
EP/80% PA/20% DPDCEPO	207.0	389.2	607.1	1.2

与上一章中 EP/PDA/DPDHPPO 体系在氮气和空气气氛下的热重分析数据相比较,均表现出随着阻燃固化剂含量的增加,环氧树脂材料的初始降解温度均呈现出逐渐降低的趋势,但同样能通过 UL-94 V-0 级的环氧树脂材料,其成炭能力要低于 EP/PDA/DPDHPPO 体系。

3.2.6 炭层表面的 SEM 分析

将极限氧指数的测试样条在空气中充分燃烧后,取其炭层,通过电子扫描电镜(SEM)观察,如图 3-13 所示。从图 3-13(a)和(b)中可以看出,EP/PA 体系测试样品燃烧后的炭层表面存在着松散、大的孔洞,而从图 3-13(c)和(d)中观察到的图像则与其有所不同,EP/80% PA/20% DPDCEPO 体系样品燃烧后的炭层表面形成了连续、均一的炭层覆盖在材料表面。测试结果表明,阻燃固化剂 DPDCEPO 的加入使环氧树脂的成炭能力增强,这一结果与锥形量热仪测试结果中残炭量增加的结果相吻合。

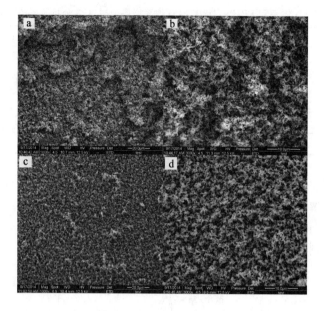

(a) EP/PA 组成样品放大 1 000 倍;(b) EP/PA 组成样品放大 3 000 倍;

(c) EP/80% PA/20% DPDCEPO 组成样品放大 1 000 倍;

(d) EP/80% PA/20% DPDCEPO 组成样品放大 3 000 倍。

图 3-13　炭层表面的 SEM

3.2.7　残炭的 XPS 分析

取 EP/80% PA/20% DPDCEPO 体系极限氧指数测试后的残炭进行了 XPS 分析,所得数据如表 3-11 所示。从表中可以看出阻燃前后碳元素含量从 77.4% 增加到 85.3%,氧元素含量从 22.6% 减小到 12.6%,磷元素从 0 增加到 2.1%。碳元素的增加表明阻燃固化剂的加入对环氧树脂材料燃烧过程中的成炭有促进作用;氧元素的降低主要是由于阻燃后的环氧树脂材料在降解过程中形成更多的 CO、CO_2 和 H_2O 等,从而消耗了更多的氧;磷元素的增加表明阻燃固化剂 DPDCEPO 的加入是决定材料阻燃性能的关键因素。阻燃固化剂的加入促进了对环氧树脂材料成炭有促进作用,有效改善了环氧树脂材料的阻燃性能。

此外,为了进一步研究凝聚相阻燃机理,通过对 XPS 曲线的拟合,进而对阻燃后炭层中的磷元素可能的存在形式进行了研究。拟合曲线如图 3-14 所示,从图中可以看出,在 133.3 eV 出现的峰归属为 P—C 键,在 134.2 eV 出现的峰归属为 O=P—O 键,这些峰出现的位置与已有文献报道一致[156]。P—C 键的存在表明阻燃固化剂在环氧树脂材料中并没有完全分解,O=P—O 键的出现表明

表 3-11 EP/PA 体系和 EP/PA/DPDCEPO 体系炭层通过 XPS 分析所得的元素相对含量

元素	EP/PA 组成热固物炭层		EP/80％ PA/20％ DPDCEPO 组成热固物炭层	
	BE 峰值/eV	原子百分比/%	BE 峰值/eV	原子百分比/%
C1s	298.1	77.4	284.6	85.3
O1s	545.1	22.6	532.2	12.6
P2p	—	—	134.4	2.1

环氧树脂材料在燃烧过程中生成了磷酸类物质,这些磷酸类物质促进了环氧树脂材料的分解,进而形成致密的炭层,起到阻隔热量和氧气的作用,有效保护材料的基体,阻止材料的进一步燃烧和分解,说明阻燃固化剂 DPDCEPO 是一种有效的阻燃剂。

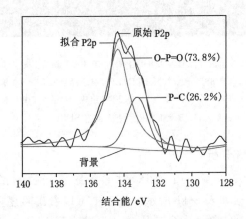

图 3-14　EP/80％ PA/20％ DPDCEPO 体系 XPS 拟合曲线

3.2.8　环氧固化物 TGA-FTIR 分析

本章通过热重分析-红外光谱联用技术分别对 EP/PA 和 EP/80％ PA/20％ DPDCEPO 两种不同组成的环氧固化体系进行检测,气相的热降解产物在不同温度下对应的红外光谱如图 3-15 所示。从图 3-15(a)中可以看出,在整个降解过程中,当温度升高到 410 ℃时,在 2 368 cm^{-1} 处出现的较大峰归因于二氧化碳吸收峰;此外,在 2 944 cm^{-1} 处出现的峰应归因于苯环上 C—H 键的碎片吸收峰;除上述峰形外,在 776 cm^{-1}、966 cm^{-1}、1 162 cm^{-1} 处的吸收峰属于环氧树脂材料降解而产生的芳环的吸收峰。随着温度的升高,降解过程逐渐结束,这些峰形也开始相应减小直至消失。从图 3-15(b)中可以看出,2 944 cm^{-1}、2 368 cm^{-1} 处也出现了

C—H 键吸收峰和二氧化碳吸收峰,但峰形较小,说明阻燃固化剂 DPDCEPO 的加入有效地改善了环氧树脂材料的阻燃性能,使环氧树脂材料未发生完全降解;在 1 256 cm⁻¹ 和 1 176 cm⁻¹ 处分别出现 —P=O 键和 P—O—C 键的特征吸收峰,这说明 EP/80％ PA/20％ DPDCEPO 体系在降解过程中有含磷化合物挥发到气相,存在气相阻燃机理,气相阻燃机理的存在减缓或终止环氧树脂材料的完全降解。

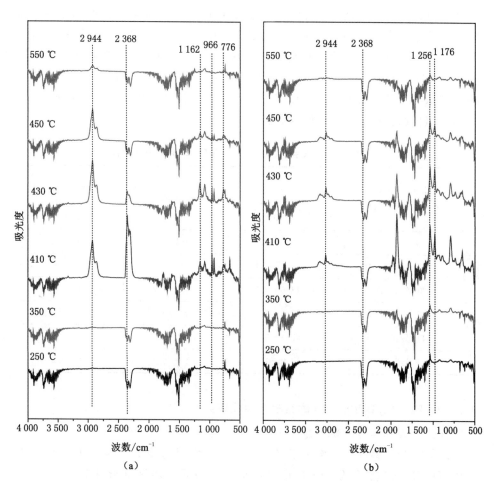

图 3-15　不同温度下 EP/PA(a)和 EP/80％ PA/20％ DPDCEPO
(b) 体系分解产物的 FTIR 谱图

3.2.9　环氧固化物力学性能研究

EP/PA 体系和 EP/PA/DPDCEPO 体系的力学性能数据如表 3-12 所示。

EP/PA 体系的拉伸强度为 49.5 MPa,弯曲强度为 103.1 MPa,冲击强度为 5.9 kJ/m²。与 EP/PA 体系相比较:当阻燃固化剂 DPDCEPO 的添加量为 10% 时,体系的拉伸强度下降到 48.6 MPa,下降了 1.8%,弯曲强度为 97.6 MPa,下降了 5.3%,冲击强度为 5.1 kJ/m²,下降了 13.5%;当阻燃固化剂添加量达到 25% 时,拉伸强度为 46.9 MPa,下降了 5.2%,弯曲强度为 87.5 MPa,下降了 15.1%,冲击强度为 3.9 kJ/m²,下降了 33.9%。这种随着阻燃固化剂含量的增加而呈现出力学性能逐渐下降的主要原因有以下两个方面:首先,是由于阻燃固化剂分子结构中存在的苯环结构空间阻碍作用较大,空间阻碍作用影响了阻燃固化剂与环氧基之间的交联反应;其次,通过对 DPDCEPO 的热降解行为分析可知,DPDCEPO 在 189.5 ℃时可能发生的脱羧反应也会导致环氧树脂材料交联度降低。两种因素的共同存在致使阻燃后的环氧树脂材料交联度降低,从而导致环氧树脂材料的力学性能降低。

表 3-12　EP/PA 和 EP/PA/DPDCEPO 体系的力学性能

固化剂组成 （PA/DPDCEPO）	力学性能		
	拉伸强度 /MPa	弯曲强度 /MPa	冲击强度 /(kJ/m²)
100%/0	49.5±0.2	103.1±0.2	5.9±0.2
95%/5%	49.1±0.1	97.9±0.1	5.3±0.1
90%/10%	48.6±0.1	97.6±0.1	5.1±0.2
85%/15%	48.1±0.1	95.4±0.1	4.7±0.2
80%/20%	47.5±0.1	93.2±0.2	4.2±0.1
75%/25%	46.9±0.2	87.5±0.1	3.9±0.3

3.2.10　EP/PA/DPDCEPO 体系耐水性能研究

3.2.10.1　吸水率与阻燃性能分析

环氧树脂材料的吸水率和阻燃固化剂含量之间的关系如图 3-16 所示。从图中可以看出,阻燃固化剂 DPDCEPO 的加入降低了环氧树脂材料的吸水性。邻苯二甲酸酐固化的环氧树脂材料水处理后的吸水率为 1.85%,而加入 15% 阻燃固化剂 DPDCEPO 后,环氧树脂材料的吸水率降低到了 1.64%。当阻燃固化剂 DPDCEPO 的添加量达到 25% 时,环氧树脂材料的吸水率降低到了 1.58%。吸水率降低主要是由于阻燃固化剂 DPDCEPO 的加入使材料中疏水性芳香苯环的结构增加。

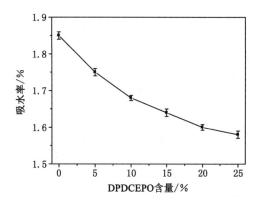

图 3-16　吸水率和阻燃固化剂含量之间的关系

　　表 3-13 给出了 EP/80％ PA/20％ DPDCEPO 体系在水处理前后的极限氧指数和垂直燃烧测试的结果。从表中可以看出,水处理前后极限氧指数仅有微小的变化,但并没有影响 UL-94 垂直燃烧的评级,水处理后仍然能通过 UL-94 V-0 级,说明水处理后阻燃固化剂 DPDCEPO 及其制备的环氧树脂材料仍然具有优异的阻燃性能。

表 3-13　水处理前后阻燃性能

样品	LOI/％	UL-94 垂直燃烧评级	是否有熔滴
水处理前	33.2	V-0	否
水处理后	33.0	V-0	否

3.2.10.2　水处理后锥形量热仪测试结果分析

　　EP/80％ PA/20％ DPDCEPO 体系耐水测试前后锥形量热仪测试结果的对比如图 3-17 和表 3-14 所示。从结果中可以看出,水处理前后的 HRR、THR 曲线重叠,其相关参数也变化不大,说明该阻燃固化剂 DPDCEPO 及其制备的阻燃环氧树脂材料具有优异的耐水性能。

3.2.10.3　水处理后 SEM 分析

　　EP/80％ PA/20％ DPDCEPO 体系耐水测试前后的 SEM 图片如图 3-18 所示。从图中可以看出,样品在水处理前后,放大 1 000 倍和 3 000 倍炭层的表面均能观察到连续、致密的炭层存在。说明水处理后 EP/80％ PA/20％ DPDCEPO 体系的炭层并没有被破坏,也同时说明阻燃固化剂 DPDCEPO 及其制备的环氧树脂固化物具有优异的耐水性。

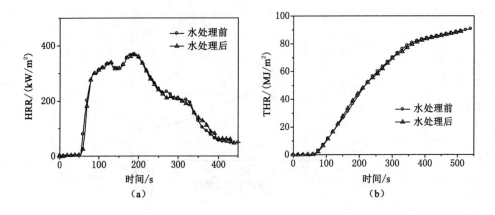

图 3-17　EP/80％ PA/20％ DPDCEPO 体系水处理前后 HRR(a)和 THR(b)曲线

表 3-14　EP/80％ PA/20％ DPDCEPO 体系水处理前后锥形量热仪测试数据

性质	样品	
	水处理前	水处理后
TTI/s	78	68
热释放速率第一峰值/(kW/m²)	336.2	338.5
第一峰值出现的时间/s	130	130
热释放速率第二峰值/(kW/m²)	373.9	368.4
第二峰值出现的时间/s	185	187
THR/(MJ/m²)	87.7	70.5
Av-EHC/(MJ/kg)	17.5	15.3

3.2.10.4　水处理后热降解行为

　　EP/80％ PA/20％ DPDCEPO 体系水处理前后在氮气气氛下以 10 ℃/min 升温速率的热重分析曲线和数据如图 3-19 和表 3-15 所示。从图中可以看出，EP/80％ PA/20％ DPDCEPO 体系水处理前后在氮气气氛下测试得到的曲线形状相似。由表 3-15 可知，水处理前 EP/80％ PA/20％ DPDCEPO 体系 $T_{initial}$ 和 T_{max} 值分别为 202.9 ℃和 402.2 ℃，800 ℃时的残炭量为 10.0％；耐水测试后 EP/80％ PA/20％ DPDCEPO 体系的 $T_{initial}$ 和 T_{max} 分别为 211.1 ℃和 401.1 ℃，残炭量增加到了 11.0％。这些数据表明，水处理前后对 EP/80％ PA/20％ DPDCEPO 体系的热降解行为影响较小，说明阻燃固化剂 DPDCEPO 及其制备的环氧树脂固化物具有较强的耐水性。

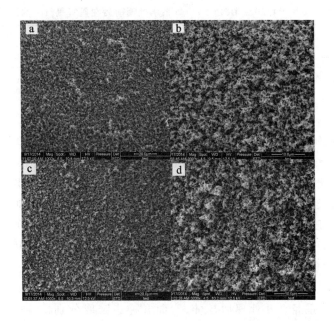

(a) EP/80％ PA/20％ DPDCEPO 组成样品水处理前放大 1 000 倍；
(b) EP/80％ PA/20％ DPDCEPO 组成样品水处理前放大 3 000 倍；
(c) EP/80％ PA/20％ DPDCEPO 组成样品水处理后放大 1 000 倍；
(d) EP/80％ PA/20％ DPDCEPO 组成样品水处理后放大 3 000 倍。

图 3-18   EP/80％ PA/20％ DPDCEPO 体系水处理前后燃烧的 SEM 图片

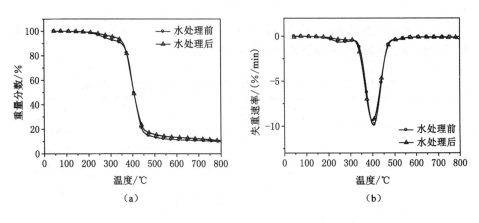

图 3-19   EP/80％ PA/20％ DPDCEPO 体系水处理前后
在氮气气氛下的 TGA(a)和 DTG(b)曲线

表 3-15　EP/80％ PA/20％ DPDCEPO 体系水处理前后在氮气气氛下的热重分析数据

样品	$T_{initial}$/℃	T_{max}/℃	800 ℃时的残炭量/％
水处理前	202.9	402.2	10.0
水处理后	211.1	401.1	11.0

3.2.10.5　水处理后力学性能分析

表 3-16 列出了水处理时间对 EP/PA、EP/85％PA/15％DPDCEPO 和 EP/75％ PA/25％ DPDCEPO 体系力学性能影响的数据。从表 3-16 可以看出,不同组成的固化物的力学性能均随着 DPDCEPO 含量的增加呈现出下降的趋势,但下降的程度有所不同。EP/PA 固化物体系水处理前的拉伸强度为 49.5 MPa,弯曲强度为 103.1 MPa,冲击强度为 5.9 kJ/m²,经过 7 d 测试后,三种力学强度分别为 46.5 MPa、97.3 MPa 和 4.1 kJ/m²。当加入阻燃固化剂后,EP/85％ PA/15％ DPDCEPO 体系和 EP/75％ PA/25％ DPDCEPO 体系的拉伸、弯曲和冲击强度随水处理时间的延长而逐渐下降。EP/85％ PA/15％ DPDCEPO 体系经 7 d 处理后拉伸、弯曲和冲击强度分别由 48.1 MPa、95.4 MPa 和 4.7 kJ/m²下降到 46.6 MPa、92.8 MPa 和 3.9 kJ/m²,分别降低了 3.1％、2.7％和 17.0％。EP/75％ PA/25％ DPDCEPO 体系经 7 d 水处理后拉伸、弯曲和冲击强度分别由 46.9 MPa、87.5 MPa 和 3.9 kJ/m²下降到 46.1 MPa、86.7 MPa 和 3.3 kJ/m²,测试后拉伸、弯曲和冲击强度分别降低了 1.7％、0.9％和 15.4％。产生这种现象的主要原因是环氧树脂基体在水处理后发生老化或有少量的阻燃固化剂发生分解。

以上耐水性测试表明,阻燃固化剂 DPDCEPO 应用在改善环氧树脂阻燃性能的同时,也能够使环氧树脂的耐水性得到增强。

表 3-16　EP/PA 和 EP/PA/DPDCEPO 体系水处理前后力学性能

样品	水处理时间/d	力学性能		
		拉伸强度/MPa	弯曲强度/MPa	冲击强度/(kJ/m²)
EP/PA	0	49.5±0.1	103.1±0.2	5.9±0.1
	1	49.1±0.1	100.8±0.2	5.6±0.2
	3	48.8±0.2	99.5±0.1	5.1±0.1
	5	47.4±0.2	98.6±0.2	4.6±0.2
	7	46.5±0.1	97.3±0.2	4.1±0.1

表 3-16（续）

样品	水处理时间/d	力学性能		
		拉伸强度/MPa	弯曲强度/MPa	冲击强度/(kJ/m²)
EP/85％ PA/15％ DPDCEPO	0	48.1±0.2	95.4±0.2	4.7±0.2
	1	47.7±0.1	94.7±0.2	4.5±0.2
	3	47.3±0.1	94.1±0.1	4.3±0.1
	5	46.9±0.1	93.4±0.1	4.1±0.1
	7	46.6±0.2	92.8±0.2	3.9±0.1
EP/75％ PA/25％ DPDCEPO	0	46.9±0.3	87.5±0.2	3.9±0.2
	1	46.7±0.2	87.2±0.1	3.7±0.1
	3	46.4±0.1	86.9±0.1	3.5±0.1
	5	46.3±0.2	86.8±0.1	3.4±0.2
	7	46.1±0.3	86.7±0.1	3.3±0.1

3.3 本章小结

（1）本章中主要合成了一种新型的含磷阻燃固化剂——二苯基-(1,2-二羧基-乙基)-氧化磷（DPDCEPO），详细研究了原料物质的量比、反应温度、反应时间、溶剂用量和溶剂种类对产物产率的影响。结果显示 DPDCEPO 的最佳合成条件为：$n_{二苯基氧磷}$: $n_{马来酸}$ ＝1 : 1.2，丙酸作为溶剂，溶剂用量为 200 mL(0.2 mol 二苯基氧磷)，反应温度为回流温度，反应时间 25 h，产率为 85.2％。采用了 FTIR、[1] HNMR、[13] CNMR、[31] P NMR 等表征手段对 DPDCEPO 的结构进行了分析和讨论，证实所得产物与目标设计产物的结构相符合。

（2）以不同含量的 DPDCEPO 作为共固化剂替代邻苯二甲酸酐固化环氧树脂。LOI 和 UL-94 测试结果表明：EP/80％ PA/20％ DPDCEPO 体系的极限氧指数 LOI 数值为 33.2％，并通过 UL-94 V-0 级；当体系中的阻燃固化剂的含量增加到 25％时，其 LOI 值有所提高，达到 34.5％，但上升幅度减小，同样能通过 UL-94 V-0 级测试。锥形量热仪测试结果表明：DPDCEPO 的加入使环氧树脂材料的 HRR、THR 和 av-EHC 等参数有明显的降低。

（3）热重分析结果表明：随着阻燃固化剂 DPDCEPO 含量的增加，环氧树脂材料的初始降解温度逐渐降低，残炭量逐渐增加，证明阻燃固化剂的加入促进环氧树脂材料的提前分解，并使环氧树脂材料的成炭能力得到增强。

（4）TGA-FTIR 测试表明：阻燃固化剂 DPDCEPO 的加入使环氧树脂材料在降解过程中有含磷化合物挥发到气相中，这说明 DPDCEPO 加入使环氧树脂在降解过程中存在气相阻燃机理，气相阻燃机理的存在减缓或终止了环氧树脂材料完全降解。

（5）采用 SEM 和 XPS 对 EP/PA 体系和 EP/80％ PA/20％ DPDCEPO 体系的残炭形貌和残炭的化学成分进行了研究。SEM 结果证实阻燃固化剂的加入能够促使环氧树脂材料形成均匀、致密的炭层；XPS 的测试结果证实 DPDCEPO 固化的环氧树脂材料在降解过程中有磷酸类物质生成。

（6）力学性能测试结果表明：阻燃固化剂 DPDCEPO 的引入，对环氧树脂材料的力学性能产生了一定的负面影响，表现出拉伸、弯曲和冲击强度有所下降。

（7）随着阻燃固化剂含量的不断增加，环氧树脂的吸水率逐渐降低。水处理对 EP/PA/DPDCEPO 体系的阻燃性能和热稳定性影响较小。水处理后，EP/PA/DPDCEPO 体系的力学性能略有降低，但随着 DPDCEPO 含量的增加，力学性能降低的幅度逐渐减小，结果表明 EP/PA/DPDCEPO 体系具有优异的耐水性能。

4 DPDCPPO 的合成及
阻燃环氧树脂的研究

本章设计并合成了与 DPDCEPO 结构相似的阻燃固化剂——二苯基-(2,3-二羧基-丙基)-氧化磷 [diphenyl-(2,3-dicarboxyl-propyl)-phosphine oxide, DPDCPPO],并对 EP/PA/DPDCPPO 体系中不同组成环氧固化物的阻燃性能和热稳定性进行了研究,对其阻燃机理进行了初步的探讨。

4.1 实验部分

4.1.1 主要原料

二苯基氧磷(DPO)	青岛富斯林化工科技有限公司	工业级
衣康酸(ITA)	天津市光复精细化工研究所	分析纯
无水乙醇	天津市光复精细化工研究所	分析纯
邻苯二甲酸酐(PA)	天津市光复精细化工研究所	分析纯
丙酸	天津市科密欧化学试剂有限公司	分析纯
乙酸	天津市科密欧化学试剂有限公司	分析纯
环氧树脂(E-44,G 为 0.47)	广州合孚化工有限公司	工业级

4.1.2 二苯基-(2,3-二羧基-丙基)-氧化磷(DPDCPPO)的合成

DPDCPPO 的合成路线如图 4-1 所示。将 40.4 g(0.2 mol)DPO 加入 500 mL 带有球形冷凝管、温度计、机械搅拌和气体保护装置的四口圆底烧瓶中,在氮气保护下加热到 70 ℃,待 DPO 全部熔融后,加入 28.6 g(0.22 mol)衣康酸,熔融后,慢慢加入 180 mL 丙酸,反应物在回流状态下连续搅拌反应 20 h。然后冷却到室温,减压蒸馏出丙酸,获得的粗产品用乙酸和乙醇洗涤,直到在粗产品中检测不到 2 374 cm^{-1} 处的红外峰,说明产物中不再有未参加反应的 DPO。获得的产品在 80 ℃ 下真空干燥,直到得到的白色粉末状产品恒重为止,产率为87.4%,纯度为 99.8%,熔点为 172.4~173.6 ℃。

4.1.3 DPDCPPO 结构表征

结构表征方法见 2.1.3 中内容。

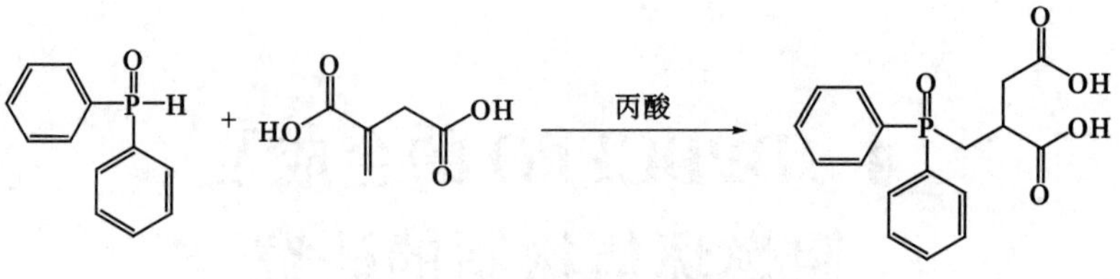

图 4-1　DPDCPPO 的合成路线图

4.1.4　阻燃环氧树脂固化物的制备

固化物的制备方法见 3.1.4 中内容。

4.1.5　固化物性能测试

固化物性能测试方法见 2.1.5 中内容。

4.2　结果与讨论

4.2.1　DPDCPPO 的合成条件研究

4.2.1.1　反应原料配比对 DPDCPPO 产率的影响

二苯基氧磷(DPO)和衣康酸(ITA)的物质的量比对 DPDCPPO 产率的影响结果列于表 4-1。从表中可以看出,当用丙酸作为溶剂,溶剂用量固定时,随着二苯基氧磷和衣康酸的物质的量比由 1∶1 增加到 1∶1.1,DPDPEPO 的产率由 78.3% 增加到 80.7%。而随着二苯基氧磷和衣康酸的物质的量继续增加时,产品产率呈现下降趋势。产生这种现象的主要原因是:过量的未完全参与反应的衣康酸导致后处理次数增加,产品也随之损失较多。因此,本实验中控制二苯基氧磷和衣康酸的物质的量比为 1∶1.1。

表 4-1　二苯基氧磷和衣康酸的物质的量比对 DPDCPPO 产率的影响

序号	DPO(0.2 mol)∶ITA	溶剂用量/mL	反应时间/h	反应温度/℃	产率/%
1	1∶1	180	10	回流	75.3
2	1∶1.1	180	10	回流	80.7
3	1∶1.2	180	10	回流	79.1
4	1∶1.3	180	10	回流	78.5
5	1∶1.4	180	10	回流	75.4

4.2.1.2 反应温度对 DPDCPPO 产率的影响

反应温度对产物 DPDCPPO 产率的影响列于表 4-2 中。从表中可以看出，以丙酸为溶剂，反应物质的量比、溶剂用量和反应时间固定时，随着温度的升高，产品的产率呈现逐渐升高的趋势，当温度升高到 100 ℃ 以上时产率的变化不大，为了易于控制反应,选择在回流温度下反应为最佳的反应条件。

表 4-2   反应温度对 DPDCPPO 产率的影响

序号	DPO(0.2 mol) : ITA	溶剂用量 /mL	反应时间 /h	反应温度 /℃	产率 /%
1	1 : 1.1	180	10	60.0	45.6
2	1 : 1.1	180	10	80.0	77.4
3	1 : 1.1	180	10	100.0	79.8
4	1 : 1.1	180	10	120.0	80.5
5	1 : 1.1	180	10	回流	80.7

4.2.1.3   溶剂用量对 DPDCPPO 产率的影响

溶剂用量对产物 DPDCPPO 产率的影响列于表 4-3 中。按照上面优化的物质的量比、反应时间为 10 h 的情况下,改变溶剂用量,随着溶剂用量的不断增加,产品的产率呈现先升高再降低的趋势。当溶剂用量为 180 mL 时,产品的产率达到 80.7%,继续增加到 200 mL 时,产品的产率迅速下降到 43.6%。产率下降的主要原因是:溶剂用量过大,两种反应物在体系中分子碰撞的机会减少。因此,本实验最终选择参与反应时溶剂用量为 180 mL(DPO 为 0.2 mol)。

表 4-3   溶剂用量对产物 DPDCPPO 产率的影响

序号	DPO(0.2 mol) : ITA	溶剂用量 /mL	反应温度 /℃	反应时间 /h	产率 /%
1	1 : 1.1	160	回流	10	76.4
2	1 : 1.1	170	回流	10	78.6
3	1 : 1.1	180	回流	10	80.7
4	1 : 1.1	190	回流	10	63.3
5	1 : 1.1	200	回流	10	43.6

4.2.1.4   反应时间对 DPDCPPO 产率的影响

反应时间对产品 DPDCPPO 产率的影响列于表 4-4。随着反应时间由 5 h

增加到 20 h 时,产品 DPDCPPO 的产率由 25.7％增加到 87.4％。但当反应时间继续延长时,DPDCPPO 的产率则增加不明显,从经济角度考虑,时间延长则增加成本,无太大意义,因此实验中控制反应时间在 20 h。

表 4-4　反应时间对 DPDCPPO 产率的影响

序号	DPO(0.2 mol)：ITA	溶剂用量 /mL	反应温度 /℃	反应时间 /h	产率 /%
1	1：1.1	180	回流	5	25.7
2	1：1.1	180	回流	10	80.7
3	1：1.1	180	回流	15	85.4
4	1：1.1	180	回流	20	87.4
5	1：1.1	180	回流	25	87.7
6	1：1.1	180	回流	30	87.8

4.2.1.5　溶剂种类对 DPDCPPO 产率的影响

实验中以乙酸作为溶剂时的回流温度(118 ℃)为基准,分别考察了三种不同溶剂对产品 DPDCPPO 产率的影响,如表 4-5 所示。从表中数据可以看出,以丙酸为溶剂时获得了 83.6％的较高产率。以乙酸作为溶剂时,DPDCPPO 的产率最低,仅为 56.5％。通过对三种溶剂的比较,DPDCPPO 的产率从大到小依次为丙酸 ＞混合溶剂＞乙酸。因此,选择丙酸作为反应溶剂是本实验的最佳选择。

表 4-5　溶剂种类对 DPDCPPO 产率的影响

序号	DPO：MA	溶剂种类	反应温度 /℃	反应时间 /h	产率 /%
1	1：1.1	乙酸：丙酸(1：1)	118	20	69.1
2	1：1.1	乙酸	118	20	56.5
3	1：1.1	丙酸	118	20	83.6

4.2.2　DPDCPPO 的结构表征与分析

4.2.2.1　FTIR 谱图

衣康酸(ITA)、二苯基氧磷(DPO)和产物 DPDCPPO 的红外光谱如图 4-2 所示。从图中曲线(a)中可以看出,3 066 cm^{-1}为—OH 伸缩振动吸收峰,1 625 cm^{-1}归属 C=C 双键伸缩振动吸收峰,1 703 cm^{-1}为羰基伸缩振动吸收峰;从曲线(b)中可以看出,化学位移 3 051 cm⁻¹处的吸收峰为苯环上 C—H 的伸缩振动吸收峰,2 374 cm⁻¹处为 P—H 键伸缩振动吸收峰,1 439 cm⁻¹处为 P—C 键的伸缩振动吸收峰,1 188 cm⁻¹处为 P═O 伸缩振动吸收峰;从曲线(c)中可以看出,存在于曲线(a)中 C═C 伸缩振动吸收峰和曲线(b)中 P—H 键伸缩振动吸收峰消失,说明 ITA 中的 C═C 与 DPO 中 P—H 键完全参与了化学反应。此外,从曲线(c)中还可以看出,在 2 972 cm⁻¹处的峰为羧羟基伸缩振动吸收峰,1 709 cm⁻¹处为 C═O 吸收峰,1437 cm⁻¹处为 P—C 键的伸缩振动吸收峰,1 155 cm⁻¹处为 P═O 伸缩振动吸收峰。

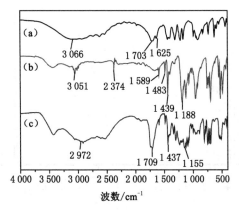

图 4-2　ITA(a)、DPO(b)和 DPDCPPO(c)的红外光谱图

4.2.2.2　NMR 谱图

¹H NMR 谱图如图 4-3 所示。图中位于(7.512～7.586)×10⁻⁶的多重峰为直接与磷原子相连的苯环上质子 1,2,3 的化学位移。由于 4 处质子直接与强吸电子基团相连,因此化学位移向低场移动,故(7.786～7.810)×10⁻⁶为苯环上质子 4 的化学位移。位于(2.785～2.868)×10⁻⁶的峰为次甲基质子 6 的特征峰。

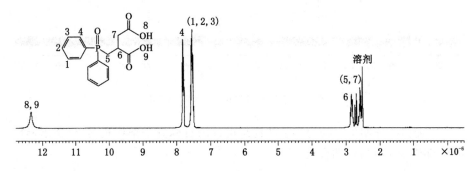

图 4-3　DPDCPPO 的¹H NMR 谱图

$(2.566\sim2.729)\times10^{-6}$ 处的峰分别为亚甲基质子 5 和 7 处的特征峰。12.333×10^{-6} 处的峰为羟基质子 8、9 处的特征峰。

^{13}C NMR 谱图如图 4-4 所示。位于 $(128.69\sim134.49)\times10^{-6}$ 的峰为与磷原子直接相连的苯环上碳原子 1~4 处的化学位移。位于 30.01×10^{-6} 的峰为次甲基碳原子 6 的特征峰,$(35.19\sim35.69)\times10^{-6}$ 出现的峰为亚甲基碳原子 5 和 7 处的特征峰。172.60×10^{-6} 处的峰为羧基碳原子 8 的特征峰,而羧基碳原子 9 由于与强吸电子基团相邻,化学位移向低场移动,出现在 174.71×10^{-6} 处。

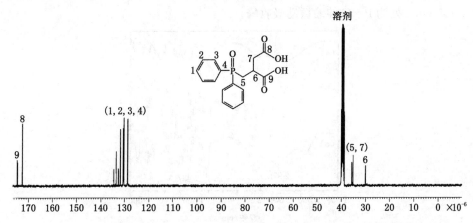

图 4-4　DPDCPPO 的^{13}C NMR 谱图

图 4-5 所示为阻燃固化剂 DPDCPPO 的^{31}P NMR 谱图,该谱图中在 36.64×10^{-6} 处只有一个峰,这表明产物的磷原子有唯一的化学环境,说明产物的纯度较高。

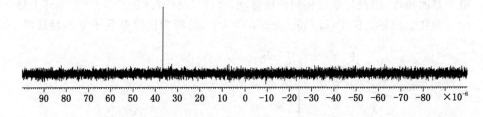

图 4-5　DPDCPPO 的^{31}P NMR 谱图

以上谱图证实了产物的分子结构与设计的目标分子结构相同,说明阻燃固化剂 DPDCPPO 被成功合成。

4.2.3　DPDCPPO 热降解行为

　　阻燃固化剂 DPDCPPO 在氮气气氛下的热重分析数据和曲线如表 4-6 和图 4-6 所示。从表 4-6 中可以看出，DPDCPPO 的初始降解温度（按质量损失为 1% 对应的温度）为 169.4 ℃，700 ℃时的残炭量为 9.7%，表明 DPDCPPO 的热稳定性相对较弱，其成炭能力相比前两章合成的阻燃固化剂略有提高。

表 4-6　DPDCPPO 氮气氛围下热重分析数据

样品	$T_{initial}$ /℃	R_{1peak}/T_{1peak} /[（%/min)/℃]	R_{2peak}/T_{2peak} /[（%/min)/℃]	700 ℃时的残炭量 /%
DPDCPPO	169.4	4.0/289.0	5.9/357.4	9.7

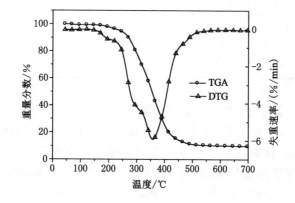

图 4-6　DPDCPPO 在氮气氛围下的 TGA 和 DTG 曲线

　　从图 4-6 中的曲线可以看出，DPDCPPO 的降解分为两个阶段：第一个阶段发生在 200～300 ℃之间，最大失重速率为 4.0 %/min，对应的最大热分解温度为 289.0 ℃，我们推测是由于阻燃固化剂的成酐反应产生的；第二个阶段出现在 300～500 ℃之间，最大失重速率为 5.9 %/min，此时对应的分解温度为 357.4 ℃，推测是由于 DPDCPPO 结构发生分解而产生的。

4.2.4　固化物阻燃性能分析

4.2.4.1　EP/PA/DPDCPPO 体系的阻燃性能

　　表 4-7 列出了 EP/PA 体系和 EP/PA/DPDCPPO 体系的极限氧指数和垂直燃烧测试数据。从该表中可以看出，邻苯二甲酸酐（PA）固化的环氧树脂 LOI 为 23.6%，不能通过 UL-94 评级中的任何一个级别，且在燃烧过程中有熔滴产生，达不到阻燃要求。当添加 5% DPDCPPO 替代部分 PA 固化环氧树脂后，环

氧固化物在燃烧过程中的熔滴消失,极限氧指数提高到 24.7%。当 DPDCPPO 的含量增加到 10% 时,LOI 值迅速上升到 28.4%,垂直燃烧通过 UL-94 V-2 级。当 DPDCPPO 的含量继续增加到 15% 时,LOI 值提高到 31.7%,垂直燃烧通过 UL-94 V-1 级。当 DPDCPPO 的含量达到 20% 和 25% 时,LOI 值分别达到 33.2% 和 34.7%,并都能通过 UL-94 V-0 级。

表 4-7　EP/PA 和 EP/PA/DPDCPPO 体系的组成和阻燃测试结果

样品	EP /%	DPDCPPO /%	PA /%	LOI /%	UL-94 垂直燃烧测试	是否有熔滴
EP/PA	62.9	0	37.1	23.6	未通过	是
EP/95% PA/5% DPDCPPO	61.5	4.1	34.4	24.7	未通过	否
EP/90% PA/10% DPDCPPO	60.1	8.0	31.9	28.4	V-2	否
EP/85% PA/15% DPDCPPO	58.8	11.7	29.5	31.7	V-1	否
EP/80% PA/20% DPDCPPO	57.5	15.2	27.3	33.2	V-0	否
EP/75% PA/25% DPDCPPO	56.3	18.7	25.0	34.7	V-0	否

Wang 等[73]报道了 DOPO 与衣康酸进行加成反应来制备 DOPO 基的羧酸固化剂,当磷含量达到 1.7% 才能达到阻燃要求。而本研究当理论磷含量达到 1.43%(20%)时,就通过了 UL-94 V-0 级测试。同 EP/PDA/DPDHPPO 体系相比也具有较低的添加份数,但与 EP/PA/DPDCPPO 的添加份数相同。以上测试说明阻燃固化剂 DPDCPPO 是一种有效的阻燃固化剂。

4.2.4.2　EP/PA/DPDCPPO 体系的燃烧行为

为了进一步研究阻燃固化剂 DPDCPPO 对环氧树脂材料燃烧行为的影响,本实验中采用锥形量热仪对 EP/PA 和 EP/80% PA/20% DPDCPPO 体系进行了燃烧实验的测试,其分析测试内容如下:

(1) 点燃时间(TTI)

从表 4-8 中可以看出 EP/PA 体系固化物的 TTI 值为 55 s,而 EP/80%PA/20%DPDCPPO 体系固化物的 TTI 有所延迟,时间为 66 s,这与前两章中的 TTI 变化规律恰好相反。TTI 值变化的主要原因是阻燃固化剂分解产生了大量的惰性气体和难挥发物质抑制了材料的燃烧,延迟了材料点燃的时间。

(2) 热释放速率(HRR)和总热释放量(THR)

图 4-7 所示分别为 EP/PA 体系和 EP/80% PA/20% DPDCPPO 体系不同时间下的热释放速率(HRR)和热释放总量(THR)不断变化关系曲线。从图中 4-7(a)中可以观察到,在开始燃烧的 80 s 内,EP/PA 体系样品的热释放速率迅

表 4-8　EP/PA 体系和 EP/PA/DPDCPPO 体系的锥形量热仪测试结果
（热辐射功率为 50 kW/m²）

性质	样品	
	EP/PA	EP/80% PA/20% DPDCPPO
TTI/s	55	66
热释放速率第一个峰值/(kW/m²)	408.4	379.5
第一个峰值出现的时间/s	85	110
热释放速率第二个峰值/(kW/m²)	786.2	426.9
第二个峰值出现的时间/s	165	180
热释放速率第三个峰值/(kW/m²)	710.3	——
第三个峰值出现的时间/s	205	——
热释放速率第四个峰值/(kW/m²)	706.1	——
第四个峰值出现的时间/s	230	——
THR/(MJ/m²)	129.2	83.3
av-EHC/(MJ/kg)	22.9	15.8
残炭量(400 min)/%	6.4	7.6

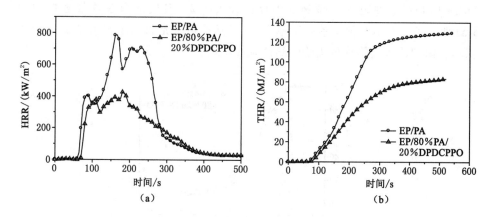

图 4-7　EP/PA 体系和 EP/PA/DPDCPPO 体系的 HRR(a) 和 THR(b) 曲线

速增长，形成了四个 HRR 峰，在 85 s 时形成第一个峰为 408.4 kW/m²，主要是由于环氧固化物表面开始燃烧放热形成的，在 165 s 形成第二个峰，也是最大峰，数值 786.2 kW/m²，主要是样品表面形成的炭层不够坚固，材料继续分解、燃烧放热形成的。之后又形成两个峰，主要是由于炭层不断形成和反复开裂。产生第四个峰后，HRR 值迅速下降，直至 540 s 样品完全燃烧，THR 数值显示为 129.2 MJ/m²。当阻燃固化剂 DPDCPPO 以固化剂的形式加入环氧树脂后，从图 4-7（a）中可以明显看出阻燃效果得到了改善，EP/80% PA/20% DPDCPPO 体系的整个燃烧过程出现两个峰,第一个峰出现的时间较晚,大约在 110 s,数值 379.5 kW/m²,主要是由于火焰在材料表面迅速传播。第二个峰出现在 180 s,峰值为 426.9 kW/m²,主要是由于阻燃固化剂的加入使材料逐渐形成稳定的炭层。之后 HRR 缓慢降低,直到 540 s 燃烧完全,THR 数值显示为 83.3 MJ/m²。HRR 峰值的降低表明阻燃固化剂的加入使环氧树脂材料燃烧过程中的热释放速率得到了有效的降低；THR 数值的降低表明 EP/80% PA/20% DPDCPPO 体系材料并没有完全燃烧,可能经历了一个炭层的形成过程,进而阻止材料内层的进一步燃烧。

（3）残炭量（RM）

锥形量热分析中给出的残炭量（RM）曲线如图 4-8 所示,EP/PA 体系测试结束时的残炭量为 6.4%,而 EP/80% PA/20% DPDCPPO 体系测试结束时残炭量为 7.6%。这说明阻燃固化剂的加入有效阻止了环氧树脂材料的完全降解,并且能够促进环氧树脂材料成炭。同 EP/PDA/DPDHPPO 和 EP/PA/DPDCEPO 相比较,其残炭量低于 EP/PDA/DPDHPPO 体系,但与 EP/PA/DPDCEPO 体系相差不明显。虽然 EP/PA 体系和 EP/80% PA/20% DPDCPPO 体系在阻燃性能测试中存在较大差别,但从锥形量热仪数据中的 RM 曲线可以看出两种体系差别不大,这一结果可能是材料本身燃烧分解后残炭易飞散和锥形量热分析实验的测试条件所致。

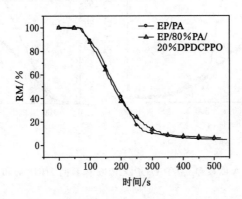

图 4-8　EP/PA 体系和 EP/PA/DPDCPPO 体系的 RM 曲线

（4）烟释放速率（SPR）和总烟释放量（TSP）

图 4-9 为 EP/PA 体系和 EP/80% PA/20% DPDCPPO 体系烟释放速率和总烟释放量随时间变化的关系曲线图。EP/PA 体系的烟释放速率的峰值为

0.32 m²/s,总烟释放量为 51.8 m²,EP/80% PA/20% DPDCPPO 体系的烟释放速率的峰值为 0.42 m²/s,总烟释放量为 68.2 m²。阻燃后的烟释放速率的峰值增加了 31.3%,总烟释放量增加了 31.7%。这主要是由于 DPDCPPO 分子中含有多个苯环结构,苯环结构燃烧分解过程中产生大量的烟雾,此外,阻燃固化剂 DPDCPPO 的加入使环氧树脂材料不能充分燃烧也是产生大量烟雾的原因之一。

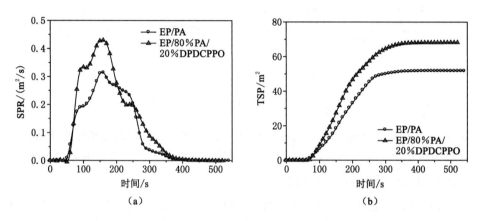

图 4-9　EP/PA 体系和 EP/ PA/DPDCPPO 体系的 SPR(a)和 TSP(b)曲线

(5) CO 生成速率(COPR)和 CO₂生成速率(CO₂PR)

图 4-10 为 EP/PA 体系和 EP/80% PA/20% DPDCPPO 体系 CO 生成速率和 CO_2 生成速率随时间变化的关系曲线图。从曲线图中可以看出,EP/80% PA/20% DPDCPPO 体系 CO 的生成速率峰值高于 EP/PA 体系 CO 的生成速率峰值,而 CO_2 生成速率的峰值大小则相反。这主要是由于阻燃固化剂 DPDCPPO 的阻燃作用使环氧树脂材料不能完全燃烧。

(6) 平均有效燃烧热(av-EHC)

从表 4-8 中可以看出 EP/PA 体系平均有效燃烧热为 22.9 MJ/kg,而 EP/80% PA/20% DPDCPPO 体系平均有效燃烧热为 15.8 MJ/kg,降低了 31.0%。av-EHC 数值的降低表明:EP/80% PA/20% DPDCPPO 体系材料损失单位质量产生的可燃性挥发物少,同时,材料在燃烧过程中产生了大量的非可燃气体,这些气体稀释了材料本身产生的可燃气体和周围氧的浓度,从而导致可燃性挥发物在气相中燃烧不完全,这与阻燃后环氧树脂燃烧后 CO 生成速率增加的结果相吻合,说明 EP/80% PA/20% DPDCPPO 体系在燃烧过程中存在气相阻燃机理。

CONE 的测试结果表明,阻燃固化剂 DPDCPPO 的加入提高了环氧树脂的

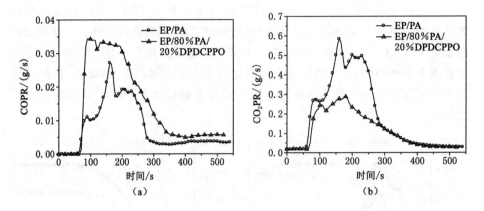

图 4-10　EP/PA 体系和 EP/PA/DPDCPPO 体系的 COPR(a)和 CO$_2$PR(b)曲线

成炭能力,降低了可燃性挥发气体的燃烧程度,凝聚相和气相阻燃机理的共同作用能够改善环氧树脂材料的阻燃性能,说明 DPDCPPO 是一种有效的阻燃固化剂。

4.2.5　阻燃环氧固化物热降解行为

　　图 4-11 和表 4-9 为 EP/PA 体系、EP/85% PA/15% DPDCPPO 体系和 EP/80% PA/20% DPDCPPO 体系在氮气气氛下以 10 ℃/min 升温速率的热重分析曲线和数据。从图 4-11 和表 4-9 中可以看出:EP/PA 体系在氮气气氛下发生了两步降解,初始降解峰值对应的温度 $T_{initial}$ 为 270.2 ℃,第一步降解的 T_{max1} 为 397.9 ℃,最大失重速率为 9.59 %/min;第二步降解 T_{max2} 为 676.6 ℃,最大失重速率为 1.36 %/min,800 ℃时的残炭量为 0。产生这两步降解的主要原因是未阻燃的环氧树脂材料在初始阶段生成了较为不稳定的炭层,当温度逐渐升高后,不稳定的炭层又逐渐开始分解,由此产生了两个峰。当阻燃固化剂 DPDCPPO 加入后,有效地影响了环氧树脂材料的热降解行为,EP/85% PA/15% DPDCPPO 体系和 EP/80% PA/20% DPDCPPO 体系发生的都是一步降解。当 DPDCPPO 的添加量为 15%时,EP/85% PA/15% DPDCPPO 体系的 $T_{initial}$ 和 T_{max1} 值分别为 256.4 ℃和 406.2 ℃,最大失重速率为 10.89 %/min,800 ℃时残炭量增加到 8.6%,当 DPDCPPO 的添加量为 20%时,$T_{initial}$ 和 T_{max1} 值分别为 198.1 ℃和 409.8 ℃,最大失重速率为 11.89 %/min,800 ℃时的残炭量提高到 10.1%。初始降解温度的降低表明阻燃固化剂的结构能够在较低温度下分解,这与 DPDCPPO 能够在较低温度下分解的热重分析数据相吻合,说明 DPDCPPO 的加入促进了环氧树脂材料的提前分解,进而促进环氧树脂材料成炭;残炭量的增加和第二个降解峰的消失表明阻燃固化剂的加入改善了环氧树脂材料的成炭能力。

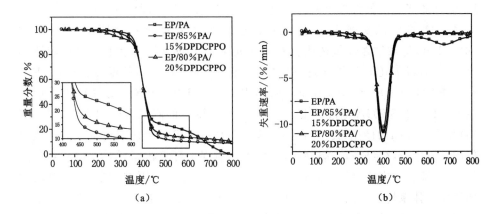

图 4-11 EP/PA 体系和 EP/PA/DPDCPPO 体系在氮气气氛下的 TGA(a)和 DTG(b)曲线

表 4-9 EP/PA 体系和 EP/PA/DPDCPPO 体系在氮气气氛下的热重分析数据

样品	$T_{initial}$ /℃	T_{max1} /℃	T_{max2} /℃	800 ℃的残炭量 /%
EP/PA	270.2	397.9	676.6	0
EP/85% PA/15% DPDCPPO	256.4	406.2	—	8.6
EP/80% PA/20% DPDCPPO	198.1	409.8	—	10.1

表 4-10 和图 4-12 为 EP/PA 体系、EP/85％ PA/15％ DPDCPPO 体系和 EP/
80％ PA/20％ DPDCPPO 体系在空气气氛下以 10 ℃/min 升温速率的热重分析曲
线和数据。从图 4-12 中可以看出,EP/PA 体系的初始降解温度为 269.1 ℃,降解
过程分为两步:第一步降解发生在 394.9 ℃,最大失重速率为 9.08 ％/min;第二步
降解发生在 566.6 ℃,最大失重速率为 2.63 ％/min,800 ℃时的残炭量为 0.3%。
EP/85％ PA/15％ DPDCPPO 体系的初始降解温度降低到 249.4 ℃,降解过程仍
然分为两步:第一步降解发生在 393.1 ℃,最大失重速率为 7.63 ％/min;第二步降
解发生在 591.0 ℃,最大失重速率为 2.36 ％/min,800 ℃时的残炭量增加到
0.7％。当阻燃固化剂的含量继续增加到 20％时,初始降解温度降低到 209.5 ℃,
降解过程仍然分为两步:第一步降解发生在 390.1 ℃,最大失重速率为
6.97 ％/min;第二步降解发生在 566.6 ℃,最大失重速率为 1.97 ％/min,800 ℃的
残炭量增加到 1.1％。初始降解温度的降低和残炭量的增加表明:阻燃固化剂
DPDCPPO 分解生成磷酸类物质,这些磷酸类物质使环氧树脂材料提前发生降
解并形成炭层;EP/PA 体系、EP/85％ PA/15％ DPDCPPO 体系和 EP/80％
PA/20％ DPDCPPO 体系均发生两步降解,不同的是:随着 DPDCPPO 含量的

增加,两步降解的最大失重速率均呈降低趋势,表明阻燃固化剂的加入使环氧树脂材料能够形成更加稳定的炭层;残炭量的逐渐升高表明阻燃固化剂DPDCPPO能够增强环氧树脂材料的成炭能力。同氮气气氛下的热重测试相比,主要有以下几个不同方面:在空气气氛下 400～600 ℃的温度范围内,EP/85％ PA/15％ DPDCPPO 和 EP/80％ PA/20％ DPDCPPO 体系的 TGA 曲线在 EP/PA 体系 TGA 曲线的上方,这与氮气氛围下的测试恰好相反,如图 4-11(a)和图 4-12(a)的局部放大图所示,这主要是由于阻燃固化剂在空气的热氧化作用下发生分解生成磷酸类物质,磷酸类物质促进环氧树脂材料形成相对稳定的炭层,随着温度的继续升高,形成的炭层在热氧化作用下继续分解;阻燃后的环氧树脂体系均发生两步降解,这主要是由于空气的热氧化作用使降解初期形成的炭层二次分解;阻燃后的环氧树脂材料残炭量相对较低,这主要是由于空气的热氧化作用使炭层的分解更加完全。

表 4-10 EP/PA 体系和 EP/PA/DPDCPPO 体系在空气气氛下的热重分析数据

样品	$T_{initial}$ /℃	T_{max1} /℃	T_{max2} /℃	800 ℃时的残炭量 /％
EP/PA	269.1	394.9	566.6	0.3
EP/85％ PA/15％ DPDCPPO	249.4	393.1	591.0	0.7
EP/80％ PA/20％ DPDCPPO	209.5	390.1	566.6	1.1

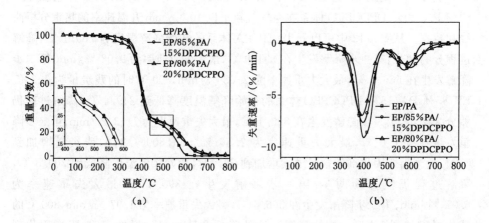

图 4-12 EP/PA 体系和 EP/PA/DPDCPPO 体系在空气气氛下的 TGA(a)和 DTG(b)曲线

同上一章中制备的阻燃环氧树脂材料相比较,随着阻燃固化剂含量的增加,二者在氮气和空气气氛下的初始降解温度均呈现降低的趋势,且降低的幅度基本一致;此外,残炭量也呈现出逐渐增加的趋势,增加的幅度基本与上一章中制备的阻燃环氧树脂相似。该结果说明两章中合成的阻燃固化剂具有相似结构的同时,也能够在环氧树脂材料中发挥类似的阻燃作用。

4.2.6　炭层表面的 SEM 分析

将极限氧指数的测试样条在空气中充分燃烧后,取其表面炭层,通过电子扫描电镜(SEM)观察,结果如图 4-13 所示。从图 4-13(a)和(b)中可以明显观察到 EP/PA 样品燃烧后的炭层呈现出松散、不均匀的较大孔洞,随着放大倍数的增加,从图 4-13(c)和(d)中可以观察到 EP/80% PA/20% DPDCPPO 体系样品燃烧后的炭层与 EP/PA 体系燃烧后的炭层表面有所不同,阻燃后环氧树脂材料的炭层表面形成了连续、致密的炭层,并均匀覆盖在材料表面。测试结果表明阻燃固化剂 DPDCPPO 的加入使环氧树脂的成炭能力增强,这一结果与锥形量热仪测试结果中残炭量增加的结果相吻合。

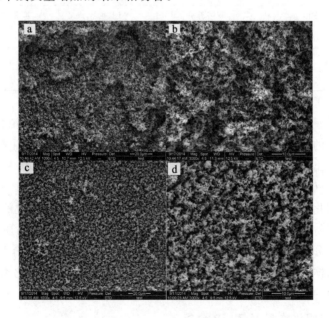

(a) EP/PA 组成样品放大 1 000 倍;(b) EP/PA 组成样品放大 3 000 倍;

(c) EP/80% PA/20% DPDCPPO 组成样品放大 1 000 倍;

(d) EP/80% PA/20% DPDCPPO 组成样品放大 3 000 倍。

图 4-13　炭层表面的 SEM

4.2.7 残炭的 XPS 分析

取 EP/80％ PA/20％ DPDCPPO 体系极限氧指数测试后的残炭进行了 XPS 分析,所得数据如表 4-11 所示。从表中可以看出,阻燃前后碳元素含量从 79.5％增加到 83.4％,氧元素的含量从 20.5％减小到 13.5％,磷元素的含量从 0 增加到 3.1％。碳元素的增加表明阻燃固化剂的加入对环氧树脂材料燃烧过程成炭有促进作用;氧元素的降低主要是由于阻燃后的环氧树脂材料在降解过程中形成更多的 CO、CO_2 和 H_2O 等,从而消耗了更多的氧;磷元素的增加表明阻燃固化剂 DPDCPPO 的加入是决定材料阻燃性能的关键因素。阻燃固化剂的加入对环氧树脂材料成炭有促进作用,有效改善了环氧树脂材料的阻燃性能。

表 4-11 EP/PA 体系和 EP/PA/DPDCPPO 体系炭层通过 XPS 分析所得的元素相对含量

元素	EP/PA组成热固物炭层		EP/80％ PA/20％ DPDCPPO 组成热固物炭层	
	BE 峰值/eV	原子百分比/％	BE 峰值/eV	原子百分比/％
C1s	298.1	79.5	284.7	83.4
O1s	545.1	20.5	533.1	13.5
P2p	—	—	134.2	3.1

此外,为了进一步研究凝聚相阻燃机理,通过对 XPS 曲线的拟合,进而对阻燃后炭层中的磷元素可能的存在形式进行了研究。拟合曲线如图 4-14 所示,从图中可以看出,在 133.4 eV 出现的峰归属为 P—C 键,在 134.3 eV 出现的峰归属为 O=P—O 键,这些峰出现的位置与已有文献报道一致[156]。P—C 键的存在表明阻燃固化剂在环氧树脂材料中并没有完全分解,O=P—O 键的出现表明阻燃环氧树脂材料在燃烧过程中生成了磷酸类物质,这些磷酸类物质促进了环氧树脂材料的分解,进而形成致密的炭层,起到阻隔热量和氧气的作用,有效保护了材料的基体,阻止了材料的进一步燃烧和分解,说明阻燃固化剂 DPDCPPO 是一种有效的阻燃剂。

4.2.8 环氧固化物 TGA-FTIR 分析

本章通过热重分析-红外光谱联用技术分别对 EP/PA 和 EP/80％ PA/20％ DPDCPPO 两种不同组成的环氧固化体系进行检测,气相的热降解产物在不同温度下对应的红外光谱如图 4-15 所示。从图 4-15(a)中可以看出,在整个降解过程中,2 944 cm^{-1} 处出现 C—H 碎片吸收峰,在 776 cm^{-1}、966 cm^{-1}、1 162 cm^{-1} 处出现芳环的吸收峰,随着温度的升高,上述峰形也逐渐减弱,这主

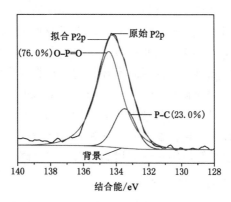

图 4-14 EP/80% PA/20% DPDCPPO 体系 XPS 拟合曲线

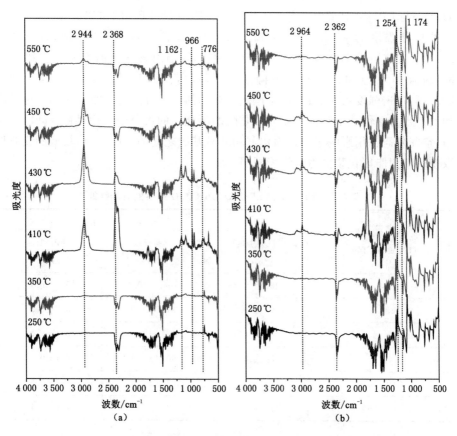

图 4-15 不同温度下 EP/PA(a)和 EP/80% PA/20% DPDCPPO
(b) 体系分解产物的 FTIR 谱图

要是由于环氧树脂材料在降解过程中产生的芳环逐渐减少;在 410 ℃时 EP/PA 体系出现较大的二氧化碳吸收峰,归因于环氧树脂材料的完全降解。从图 4-15(b)中可以看出,2 964 cm^{-1}和 2 362 cm^{-1}处分别出现 C—H 碎片吸收峰和二氧化碳吸收峰,但峰形较小,说明阻燃环氧树脂材料在降解过程中由于阻燃固化剂的加入并未发生完全降解;此外,在 1 254 cm^{-1}和 1 174 cm^{-1}处分别出现 —P═O 键和 P—O—C 键的特征吸收峰,这说明 EP/80% PA/20% DPDCPPO 体系在降解过程中有含磷化合物挥发到气相,在燃烧过程中存在气相阻燃机理,气相阻燃机理的存在减缓或终止环氧树脂材料的完全降解。

4.2.9 环氧固化物力学性能研究

EP/PA 体系和 EP/PA/DPDCPPO 体系的力学性能数据如表 4-12 所示。EP/PA 体系的拉伸强度为 49.5 MPa,弯曲强度为 103.1 MPa,冲击强度为 5.9 kJ/m^2;与 EP/PA 体系相比较:当阻燃固化剂 DPDCPPO 的添加量为 10% 时,体系的拉伸强度为 48.4 MPa,下降了 2.2%,弯曲强度为 92.5 MPa,下降了 10.3%,冲击强度为 5.4 kJ/m^2,下降了 8.5%;当阻燃固化剂添加量达到 25% 时,拉伸强度为 46.8 MPa,下降了 5.4%,弯曲强度为 76.5 MPa,下降了 25.8%,冲击强度为 4.1 kJ/m^2,下降了 30.5%。这种随着阻燃固化剂含量的增加而产生力学性能下降的主要原因是阻燃固化剂的大分子结构存在空间阻碍作用,空间阻碍作用影响了阻燃固化剂和环氧基团之间的交联反应,较低的交联度致使环氧树脂固化物的力学性能减弱。

表 4-12　EP/PA 和 EP/PA/DPDCPPO 体系的力学性能

固化剂组成 (PA/DPDCPPO)	力学性能		
	拉伸强度 /MPa	弯曲强度 /MPa	冲击强度 /(kJ/m^2)
100%/0	49.5±0.2	103.1±0.1	5.9±0.1
95%/5%	49.1±0.2	97.8±0.2	5.7±0.2
90%/10%	48.4±0.1	92.5±0.2	5.4±0.2
85%/15%	48.1±0.1	90.2±0.1	5.1±0.1
80%/20%	47.7±0.2	87.8±0.1	4.6±0.2
75%/25%	46.8±0.1	76.5±0.3	4.1±0.1

4.2.10　EP/PA/DPDCPPO 体系耐水性能研究

4.2.10.1　吸水率与阻燃性能分析

环氧树脂材料的吸水率和阻燃固化剂含量之间的关系如图 4-16 所示。从图中可以看出,阻燃固化剂 DPDCPPO 的加入降低了环氧树脂材料的吸水性。邻苯二甲酸酐固化的环氧树脂材料水处理后的吸水率为 1.85％,而加入 15％阻燃固化剂 DPDCPPO 后,环氧树脂材料的吸水率降低到 1.70％。当阻燃固化剂 DPDCPPO 的添加量达到 25％时,环氧树脂材料的吸水率降低到了 1.61％。吸水率降低的主要原因是阻燃固化剂的分子结构中含有疏水性的芳香苯环结构。

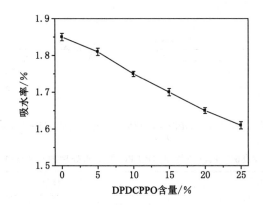

图 4-16　吸水率和阻燃固化剂 DPDCPPO 含量之间的关系

表 4-13 给出了 EP/80％ PA/20％ DPDCPPO 体系在水处理前后的极限氧指数和垂直燃烧测试的结果。从表中可以看出水处理前后,极限氧指数仅有微小的变化,但并没有影响 UL-94 垂直燃烧的评级,水处理后仍然能通过 UL-94 V-0 级,说明阻燃固化剂 DPDCPPO 及其制备的阻燃环氧树脂材料仍然具有优异的阻燃性能。

表 4-13　水处理前后阻燃性能

样品	LOI/％	UL-94 垂直燃烧评级	是否有熔滴
水处理前	33.2	V-0	否
水处理后	33.1	V-0	否

4.2.10.2　水处理后 CONE 分析

EP/80％ PA/20％ DPDCPPO 体系水处理前后 CONE 测试结果对比如图

4-17 和表 4-14 所示。从结果中可以看出,水处理前后 EP/80％ PA/20％ DPDCPPO 体系 HRR、THR 曲线基本重叠,且相关参数变化不大。说明水处理后阻燃固化剂 DPDCPPO 及其制备的阻燃环氧树脂材料具有优异的耐水性能。

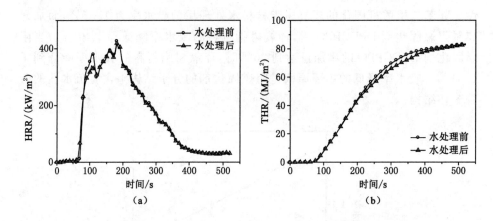

图 4-17　EP/80％ PA/20％ DPDCPPO 体系水处理前后 HRR(a)和 THR(b)曲线

表 4-14　EP/80％ PA/20％ DPDCPPO 体系水处理前后 CONE 测试数据

性质	样品	
	水处理前	水处理后
TTI/s	66	62
热释放速率第一峰值/(kW/m²)	379.5	340.0
第一峰值出现的时间/s	110	105
热释放速率第二峰值/(kW/m²)	393.9	391.3
第二峰值出现的时间/s	160	160
热释放速率第三峰值/(kW/m²)	426.9	420.0
第三峰值出现的时间/s	180	179
THR/(MJ/m²)	83.3	82.7
av-EHC/(MJ/kg)	15.8	15.1

4.2.10.3　水处理后 SEM 分析

EP/80％ PA/20％ DPDCPPO 体系水处理前后的 SEM 图像如图 4-18 所示。从图中可以看出,样品水处理后,放大 1 000 倍和 3 000 倍的炭层表面均能观察到连续、致密的高质量炭层存在。这说明阻燃固化剂 DPDCPPO 及其制备的阻燃环氧树脂材料具有优异的耐水性能。

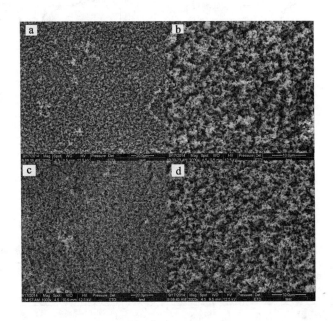

(a) EP/80％ PA/20％ DPDCPPO 组成的样品水处理前放大 1 000 倍；
(b) EP/80％ PA/20％ DPDCPPO 组成的样品水处理前放大 3 000 倍；
(c) EP/80％ PA/20％ DPDCPPO 组成的样品水处理后放大 1 000 倍；
(d) EP/80％ PA/20％ DPDCPPO 组成的样品水处理后放大 3 000 倍。

图 4-18　EP/80％ PA/20％ DPDCPPO 体系水处理前后燃烧的 SEM 图片

4.2.10.4　水处理后热降解行为

EP/80％ PA/20％ DPDCPPO 体系水处理前后在氮气气氛下以 10 ℃/min 升温速率的热重分析曲线和数据如图 4-19 和表 4-15 所示。从图中可以看出，EP/80％ PA/20％ DPDCPPO 体系水处理前后所得曲线形状相似，且水处理前后 $T_{initial}$、T_{max} 和残炭量数值接近。这些数据表明：水处理前后对 EP/80％ PA/20％ DPDCPPO 体系的热降解行为影响较小，说明阻燃固化剂 DPDCPPO 及其制备的环氧树脂固化物具有优异的耐水性。

4.2.10.5　水处理后力学性能测试

表 4-16 列出了水处理时间对 EP/PA、EP/85％ PA/15％ DPDCPPO 和 EP/75％ PA/25％ DPDCPPO 三种固化物体系力学性能的影响数据。从表 4-16 中可以看出，不同组成的固化物的力学性能均随着 DPDCPPO 含量的增加

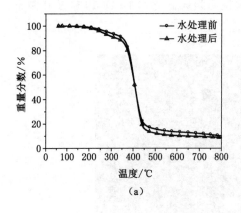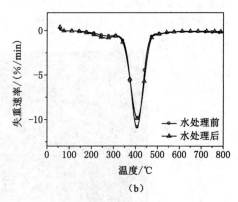

图 4-19　EP/80％ PA/20％ DPDCPPO 体系水处理前后
在氮气气氛下的 TGA(a)和 DTG(b)曲线

表 4-15　EP/80％ PA/20％ DPDCPPO 体系水处理前后在氮气气氛下的热重分析数据

样品	$T_{initial}/℃$	$T_{max}/℃$	800 ℃时的残炭量/％
水处理前	198.1	402.9	10.2
水处理后	180.5	402.3	8.9

呈现出下降的趋势,但下降的程度有所不同。EP/PA 固化物体系在水处理前的拉伸强度为 49.5 MPa,弯曲强度为 103.1 MPa,冲击强度为 5.9 kJ/m²,经过 7 d 测试后,三种力学强度分别为 46.5 MPa、97.3 MPa 和 4.1 kJ/m²,下降的幅度分别为 6.1％、5.6％和 30.5％。EP/85％ PA/15％ DPDCPPO 和 EP/75％ PA/25％ DPDCPPO 体系的力学性能和 EP/PA 体系有同样的变化趋势,EP/85％ PA/15％ DPDCPPO 体系水处理后拉伸、弯曲和冲击强度分别由 48.1 MPa、90.2 MPa 和 5.1 kJ/m²下降到 47.3 MPa、87.8 MPa 和 4.5 kJ/m²,分别降低了 1.7％、2.7％和 11.8％。EP/75％ PA/25％ DPDCPPO 体系水处理后拉伸、弯曲和冲击强度分别由 46.8 MPa、76.5 MPa 和 4.1 kJ/m²下降到 46.3 MPa、75.6 MPa 和 3.7 kJ/m²,分别降低了 1.1％、1.2％和 9.8％。产生这种力学性能下降的主要原因是环氧树脂基体的老化或少量阻燃固化剂发生分解。

　　以上耐水性测试表明:阻燃固化剂 DPDCPPO 应用在改善环氧树脂阻燃性能的同时,也能够使环氧树脂的耐水性得到增强。

表 4-16　EP/PA 和 EP/PA/DPDCPPO 体系水处理前后力学性能

样品	水处理时间 /d	力学性能		
		拉伸强度 /MPa	弯曲强度 /MPa	冲击强度 /(kJ/m²)
EP/PA	0	49.5±0.1	103.1±0.2	5.9±0.1
	1	49.1±0.2	100.8±0.1	5.6±0.1
	3	48.8±0.1	99.5±0.1	5.1±0.1
	5	47.4±0.1	98.6±0.1	4.6±0.2
	7	46.5±0.2	97.3±0.2	4.1±0.2
EP/85% PA/15% DPDCPPO	0	48.1±0.2	90.2±0.2	5.1±0.2
	1	47.9±0.2	89.7±0.1	4.9±0.1
	3	47.7±0.1	89.2±0.3	4.8±0.3
	5	47.5±0.1	88.6±0.1	4.6±0.1
	7	47.3±0.2	87.8±0.2	4.5±0.2
EP/75% PA/25% DPDCPPO	0	46.8±0.2	76.5±0.2	4.1±0.1
	1	46.7±0.1	76.3±0.1	4.0±0.1
	3	46.5±0.1	76.0±0.2	3.9±0.3
	5	46.5±0.2	75.8±0.1	3.8±0.1
	7	46.3±0.2	75.6±0.2	3.7±0.2

4.3　本章小结

（1）本章中主要合成了一种新型的含磷阻燃固化剂——二苯基-(2,3-二羧基-丙基)-氧化磷,详细研究了原料物质的量比、反应温度、反应时间、溶剂用量和溶剂种类对产物产率的影响。结果表明,DPDCPPO 的最佳合成条件为：$n_{二苯基氧磷}:n_{衣康酸}=1:1.1$,丙酸作为溶剂,溶剂用量为 180 mL(0.2 mol 二苯基氧磷),反应温度为回流温度,反应时间 20 h,产率为 87.4%。分别采用了 FTIR、^{1}HNMR、^{13}CNMR、^{31}P NMR 等表征手段对阻燃固化剂 DPDCPPO 的结构进行了讨论和分析,确认所得产物结构与目标产物一致。

（2）将阻燃固化剂 DPDCPPO 以不同含量替代 PA 作为共固化剂固化环氧树脂。LOI 和 UL-94 测试结果表明：EP/80% PA/20% DPDCPPO 体系的极限氧指数 LOI 值可以达到 33.2%,并能顺利能通过 UL-94 V-0 级；当阻燃环氧树脂材料中的 DPDCPPO 含量增大到 25% 时,极限氧指数 LOI 值可继续提高为

34.7%,但增加的幅度减小,同样能通过 UL-94 V-0 级测试。CONE 测试结果表明:DPDCPPO 的加入使环氧树脂材料的 HRR、THR 和 av-EHC 等参数都有明显的降低。

(3)热重分析结果表明:随着阻燃固化剂 DPDCPPO 含量的增加,环氧树脂材料的初始降解温度逐渐降低,残炭量逐渐增加,证明阻燃固化剂的加入促进环氧树脂材料的提前分解,并使环氧树脂材料的成炭能力得到增强。

(4)TGA-FTIR 测试表明:阻燃固化剂 DPDCPPO 的加入使阻燃环氧树脂材料在降解过程中有含磷化合物挥发到气相中,说明 DPDCPPO 固化的环氧树脂材料在燃烧过程中存在气相阻燃机理,气相阻燃机理的存在使环氧树脂材料在降解过程中发生不完全降解。

(5)采用 SEM 和 XPS 分析测试方法对 EP/80% PA/20% DPDCPPO 体系的残炭形貌和化学成分进行了表征,SEM 结果证实阻燃固化剂的加入促进了环氧树脂形成均匀、致密的炭层;XPS 结果证实阻燃固化剂降解生成的磷酸类物质能够促进环氧树脂材料成炭。

(6)力学性能测试结果表明:阻燃固化剂 DPDCPPO 分子的引入对环氧树脂材料产生一定的负面影响,表现出拉伸、弯曲和冲击强度有所下降。

(7)随着阻燃固化剂含量的不断增加,环氧树脂的吸水率逐渐降低。水处理对 EP/PA/DPDCPPO 体系的阻燃性能和热稳定性影响较小。水处理后,EP/PA/DPDCPPO 体系的力学性能略有降低,但随着 DPDCPPO 含量的增加,力学性能降低的幅度逐渐减小。结果表明 EP/PA/DPDCPPO 体系具有优异的耐水性能。

5 木质素协效阻燃环氧树脂
材料阻燃性能研究

木质素具有耐热稳定性、耐溶剂性和生物可降解性,广泛存在于高等植物的细胞壁中,是构成植物体的三大成分之一,被认为是一种可再生资源。木质素是一种良好的成炭剂,且其分子结构中含有酚羟基、醇羟基等活性基团。利用这一特点,将木质素引入阻燃环氧树脂材料中对减少环境污染和降低能耗有积极作用。

在前几章合成的三种阻燃固化剂中,DPDHPPO 与 PDA 作为共固化剂固化环氧树脂时,其添加份数较高,将木质素与其共混制备阻燃环氧树脂材料时很难做到均一注模。DPDCEPO 与 DPDCPPO 二者结构相似,二者分别与 PA 作为共固化剂制备阻燃环氧树脂材料时表现出极其相似的阻燃性能,由于DPDCEPO 具有更低的熔点,有利于制备出均一的阻燃环氧树脂材料,因此,本章主要以 EP/PA/DPDCEPO/Lignin 体系为研究对象,对木质素与 DPDCEPO协效阻燃环氧树脂材料的阻燃性能、热稳定性能等进行研究。

5.1 实验部分

5.1.1 主要原料

玉米秸秆酶解木质素	松原来禾化学有限公司	工业级
二苯基-(1,2-二羧基-乙基)-氧化磷	实验室制备	分析纯
邻苯二甲酸酐(PA)	天津市光复精细化工研究所	分析纯
环氧树脂(E-44,G 为 0.47)	广州合孚化工有限公司	工业级

5.1.2 EP/PA/DPDCEPO/Lignin 阻燃环氧树脂固化物的制备

由于木质素分子结构中含有的酚羟基、醇羟基等活性基团可以与环氧树脂中的环氧基反应,因此可以将其作为固化剂替代 PA 使用。本章中将木质素分别以 5%、10%、15% 替代 EP/PA、EP/85% PA/15% DPDCEPO 和 EP/80%PA/20% DPDCEPO 三种不同配方中PA 的含量。将木质素与 DPDCEPO 和环氧树脂于油浴下 120 ℃混合均匀后,浇注于各种规格型号的自制模具中,于 160 ℃下预固化 2 h,200 ℃固化 3 h。将固化后的样品逐渐冷却至室温以防止开裂,将样品从自制模具中脱模,准备性能测试。

5.1.3 固化物阻燃性能测试

固化物性能测试方法见 2.1.5 中内容。

5.2 结果与讨论

5.2.1 固化物阻燃性能分析

5.2.1.1 EP/PA/DPDCEPO/Lignin 体系的阻燃性能

EP/PA/DPDCEPO/Lignin 体系的极限氧指数和垂直燃烧测试结果如表 5-1 所示。从该表中可以看出,EP/PA 体系的 LOI 值为 23.6,不能通过垂直燃烧评级的任何一个级别,且有熔滴产生,达不到阻燃要求。用木质素替代 EP/PA 体系配方中部分 PA 后,随着木质素含量的增加,极限氧指数出现小幅度上升,当添加量达到 15% 时,LOI 值显示为 25.4%,但仍然不能通过垂直燃烧评级;EP/85% PA/15% DPDCEPO 体系 LOI 值为 31.0%,仅能通过 UL-94 V-1 级,当用木质素替代 EP/85% PA/15% DPDCEPO 体系配方中的部分 PA 时,随着木质素含量的增加,固化物的阻燃性能得到了一定的改善,当向该体系中添加 5% 木质素时,极限氧指数提高到 31.6%,垂直燃烧测试通过 UL-94 V-1 级,当木质素含量分别增加到 10% 和 15% 时,LOI 值分别提高到 32.1% 和 32.6%,垂直燃烧测试均通过了 UL-94 V-0 级;EP/80% PA/20% DPDCEPO 体系 LOI 值为 33.2%,当用木质素替代 EP/80% PA/20% DPDCEPO 配方中的部分 PA 时,随着木质素含量的增加,极限氧指数呈现逐渐提高的趋势,但提高的幅度较小,当添加量达到 15% 时,LOI 值为 34.6%。以上结果表明:木质素的加入能够提高环氧树脂材料的 LOI 值和阻燃级别,能够改善环氧树脂材料的阻燃性能。

表 5-1 木质素协效阻燃环氧树脂材料阻燃性能测试数据

固化剂组成 (PA/DPDCEPO/Lignin)	LOI/%	UL-94 垂直燃烧评级	是否有熔滴
100%/0/0	23.6	未通过	是
95%/0/5%	24.7	未通过	否
90%/0/10%	24.9	未通过	否
85%/0/15%	25.4	未通过	否
85%/15%/0	31.0	V-1	否
80%/15%/5%	31.6	V-1	否
75%/15%/10%	32.1	V-0	否

表 5-1(续)

固化剂组成 (PA/DPDCEPO/Lignin)	LOI/%	UL-94 垂直燃烧评级	是否有熔滴
70%/15%/15%	32.6	V-0	否
80%/20%/0	33.2	V-0	否
75%/20%/5%	33.7	V-0	否
70%/20%/10%	34.2	V-0	否
65%/20%/15%	34.6	V-0	否

5.2.1.2　EP/PA/DPDCEPO/Lignin 体系的燃烧行为

本实验中对 EP/85% PA/15% Lignin 体系、EP/80% PA/20% DPDCEPO 体系、EP/70% PA/20% DPDCEPO/10% Lignin 和 EP/65% PA/20% DPDCEPO/15% Lignin 进行了锥形量热仪测试,其分析测试内容如下:

（1）点燃时间（TTI）

从表 5-2 中可以看出 EP/85% PA/15% Lignin 体系的 TTI 值为 60s,EP/80% PA/20% DPDCEPO 体系固化物的 TTI 值为 50 s,当以 10%木质素替代一部分 PA 时,固化物的 TTI 数值变化到 49 s,木质素含量增加到 15%,TTI 数值降低到 45 s,存在 TTI 值变化的主要原因是:木质素和 DPDCEPO 的协同作用促使固化物在较低的温度下提前分解并开始燃烧。

表 5-2　EP/PA/DPDCEPO/Lignin 体系的锥形量热仪测试结果
（热辐射功率为 50 kW/m²）

性质	样品			
	EP/85% PA/ 15% Lignin	EP/80% PA/ 20% DPDCEPO	EP/70% PA/20 % DPDCEPO/10 % Lignin	EP/65% PA/20 % DPDCEPO/15 % Lignin
TTI/s	60	50	49	45
热释放速率第一个峰值/(kW/m²)	232.8	336.2	315.8	254.9
第一个峰值出现的时间/s	105	130	70	65
热释放速率第二个峰值/(kW/m²)	496.1	373.9	304.2	286.5
第二个峰值出现的时间/s	165	185	250	250
热释放速率第三个峰值/(kW/m²)	505.3	—	—	—
第三个峰值出现的时间/s	225	—	—	—
THR/(MJ/m²)	98.6	90.6	88.8	84.3
av-EHC/(MJ/kg)	18.2	17.5	18.5	18.8
残炭量(400 min)/%	7.2	7.6	17.2	15.6

（2）热释放速率（HRR）和总热释放量（THR）

EP/85％ PA/15％ Lignin 、EP/80％ PA/20％ DPDCEPO、EP/70％ PA/20％ DPDCEPO/10％ Lignin 和 EP/65％ PA/20％ DPDCEPO/15％ Lignin 体系的热释放速率（HRR）和总热释放量（THR）随时间变化的关系曲线如图 5-1 所示。从图 5-1（a）中可以看出，EP/85％ PA/15％ Lignin 体系 HRR 曲线出现三个峰，最大热释放速率出现在 225 s，HRR 显示为 505.3 kW/m²，THR 值为 98.6 MJ/m²。EP/80％ PA/20％ DPDCEPO 体系的 HRR 曲线出现两个峰，在 185 s 出现最大热释放速率，HRR 值显示为 373.9 kW/m²，THR 值为 90.6 MJ/m²。用木质素替代 EP/80％ PA/20％ DPDCEPO 体系配方中的部分 PA 后，随着木质素含量的增加，HRR 值呈现降低的趋势，当木质素含量为 15％时，最大热释放速率出现在 250 s，HRR 值显示为 286.5 kW/m²，THR 值显示为 84.3 MJ/m²，与未使用木质素替代 EP/80％ PA/20％ DPDCEPO 体系相比较，HRR 下降了 23.4％，THR 下降了 7.0％，与未添加 DPDCEPO 的 EP/85％ PA/15％ Lignin 体系相比较，HRR 下降了 42.2％，THR 下降了 14.5％。HRR 和 THR 的降低主要是由于木质素的天然成炭作用和阻燃固化剂 DPDCEPO 的阻燃作用促使环氧树脂材料表面形成更加稳定的炭层，隔绝了氧气和热量的传递，使环氧树脂材料在燃烧过程中的热释放速率和总热释放量降低。

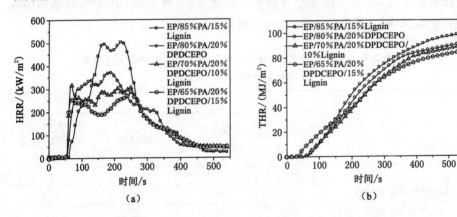

图 5-1　EP/PA/DPDCEPO/Lignin 体系的 HRR(a)和 THR(b)曲线

（3）残炭量（RM）

CONE 分析中给出的残炭量（RM）曲线如图 5-2 所示，EP/85％ PA/15％ Lignin 体系测试结束时的残炭量为 4.9％，略高于 EP/PA 体系的残炭量。EP/80％ PA/20％ DPDCEPO 体系测试结束时的残炭量为 6.3％。当用木质素替代 EP/80％ PA/20％ DPDCEPO 体系配方中 PA 时，随着木质素含量的增加，残炭量也呈现逐渐增加的趋势,当木质素含量分别增加到 10% 和 15% 时,测试结束后残炭量分别为 9.7% 和 12.6%。测试结果表明:木质素和阻燃固化剂的协同作用使环氧树脂材料在燃烧过程中的成炭能力增强,有效阻隔氧气和热量的传递,延缓环氧树脂材料的降解。

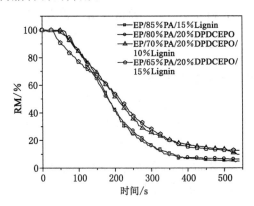

图 5-2　EP/PA/DPDCEPO/Lignin 体系的 RM 曲线

（4）烟释放速率（SPR）和总烟释放量（TSP）

图 5-3 为 EP/85% PA /15% Lignin、EP/80% PA/20% DPDCEPO、EP/70% PA/20% DPDCEPO/10% Lignin 和 EP/65% PA/20% DPDCEPO/15% Lignin 体系的烟释放速率和总烟释放量随时间变化的关系曲线图。从图中可以看出 EP/85% PA/15% Lignin 体系的烟释放速率最大值为 0.40 m^2/s,TSP 数值为 75.9 m^2,其烟释放速率的最大值和总烟释放量均高于 EP/PA 体系。EP/80% PA/20% DPDCEPO 体系的最大烟释放速率和总烟释放量分别为

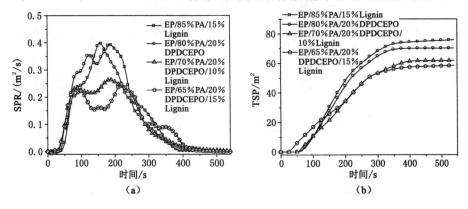

图 5-3　EP/PA/DPDCEPO/Lignin 体系的 SPR(a)和 TSP(b)曲线

0.37 m²/s 和 71.2 m²。当使用木质素替代 EP/80% PA/20% DPDCEPO 体系配方中的 PA 时,随着木质素含量的增加,最大烟释放速率和总烟释放量均呈现逐渐降低的趋势,木质素添加量为 10% 时,最大烟释放速率和总烟释放量分别为 0.26 m²/s 和 61.9 m²,当木质素添加量为 15% 时,最大烟释放速率和总烟释放量分别为 0.24 m²/s 和 58.4 m²。数据表明木质素与阻燃固化剂的协同作用使环氧树脂材料的成炭能力增强,减缓了环氧树脂材料的降解,有效抑制了烟的释放。

5.2.2 阻燃环氧固化物热降解行为

图 5-4 和表 5-3 为 EP/85% PA/15% Lignin、EP/80% PA/20% DPDCEPO、EP/70% PA/20% DPDCEPO/10% Lignin 和 EP/65% PA/20% DPDCEPO/15% Lignin 体系在氮气气氛下以 10 ℃/min 升温速率的热重分析曲线和数据。从图 5-4 中可以看出:EP/85% PA/15% Lignin 体系发生两步降解:初始降解温度 $T_{initial}$ 为 242.0 ℃,第一步降解 T_{max1} 为 401.6 ℃,最大失重速率为 8.84 %/min;第二步降解 T_{max2} 为 625.1 ℃,最大失重速率为 0.67 %/min,800 ℃时的残炭量为 7.0。EP/80% PA/20% DPDCEPO 体系在氮气气氛下发生降解的初始降解温度 $T_{initial}$ 为 202.9 ℃,降解峰值对应的温度 T_{max} 为 405.2 ℃,最大失重速率为 9.81 %/min,800 ℃时的残炭量为 9.7%。EP/70% PA/20% DPDCEPO/10% Lignin 体系初始降解温度 $T_{initial}$ 为 197.8 ℃,降解峰值对应的温度 T_{max} 为 392.3 ℃,最大失重速率为 8.28 %/min,800 ℃时的残炭量为 12.9%。EP/65% PA/20% DPDCEPO/15% Lignin 体系初始降解温度 $T_{initial}$ 为 180.3 ℃,降解峰值对应的温度 T_{max} 为 393.9 ℃,最大失重速率为 7.85 %/min,800 ℃时的残炭量为 16.9%。以上测试结果表明:使用木质素替代 EP/80% PA/20% DPDCEPO 体

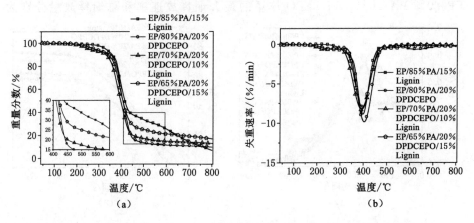

图 5-4 EP/PA/DPDCEPO/Lignin 体系在氮气气氛下的 TGA(a)和 DTG(b)曲线

系配方中的 PA 时,随着木质素含量的逐渐提高,环氧树脂材料均呈现出逐渐降低的趋势,这主要是由于阻燃固化剂 DPDCEPO 和木质素的协同作用使环氧树脂材料提前发生降解,而残炭量呈现出升高的趋势主要是由于木质素的大分子结构的引入使环氧树脂材料的稳定性更好,使环氧树脂材料的成炭能力增强。

表 5-3 EP/PA/DPDCEPO/Lignin 体系在氮气气氛下的热重分析数据

样品	$T_{initial}$ /℃	T_{max1} /℃	T_{max2} /℃	800 ℃时的残炭量 /%
EP/85% PA /15% Lignin	242.0	401.6	625.1	7.0
EP/80% PA/20% DPDCEPO	202.9	405.2	—	9.7
EP/70% PA/20% DPDCEPO/10% Lignin	197.8	392.3	—	12.9
EP/65% PA/20% DPDCEPO/15% Lignin	180.3	393.9	—	16.9

图 5-5 和表 5-4 为 EP/85% PA /15% Lignin、EP/80% PA/20% DPDCEPO、EP/70% PA/20% DPDCEPO/10% Lignin 和 EP/65% PA/20% DPDCEPO/15% Lignin 体系在空气气氛下以 10 ℃/min 升温速率的热重分析曲线和数据。从图 5-5 和表 5-4 中可以看出:四种样品发生的都是两步降解:EP/85% PA /15% Lignin 的初始降解温度 $T_{initial}$ 为 209.0 ℃,第一步降解峰值出现在 394.6 ℃,最大失重速率为 9.40 %/min,第二步降解峰值出现在 560.3 ℃,最大失重速率为 2.26 %/min,800 ℃时的残炭量为 0.7%;EP/80% PA/20% DPDCEPO 体系的初始降解温度 $T_{initial}$ 为 210.4 ℃,第一步降解峰值出现在 389.6 ℃,最大失重速率为 9.35 %/min,第二步降解峰值出现在 558.2 ℃,最大失重速率为 2.26 %/min,800 ℃时的残炭量为 1.4%;EP/70% PA/20% DPDCEPO/10% Lignin 体系的初始降解温度 $T_{initial}$ 为 197.0 ℃,第一步降解峰值出现在 381.6 ℃,最大失重速率为 7.25 %/min,第二步降解峰值出现在 559.5 ℃,最大失重速率为 2.11 %/min,800 ℃时的残炭量为 2.5%;EP/65% PA/20% DPDCEPO/15% Lignin 体系的初始降解温度为 $T_{initial}$ 为 188.0 ℃,第一步降解峰值出现在 391.0 ℃,最大失重速率为 6.87 %/min,第二步降解峰值出现在 557.8 ℃,最大失重速率为 2.40 %/min,800 ℃时的残炭量为 2.8%。从以上测试结果可以看出:木质素与 PA 共固化的环氧树脂材料初始降解温度较高,DPDCEPO 与 PA 共固化的环氧树脂初始降解温度略低于使用木质素与 PA 共固化的环氧树脂材料;当使用木质素替代 EP/80% PA/20% DPDCEPO 配方中的 PA 时,EP/70%

PA/20％ DPDCEPO/10％ Lignin 和 EP/65％ PA/20％ DPDCEPO/15％ Lignin 体系的初始降解温度均低于 EP/80％ PA/20％ DPDCEPO,且呈现逐渐降低的趋势;四种体系由于空气的热氧化作用,均发生两步降解,四种体系每步发生降解的温度差别不大,但第一步降解的最大失重速率有所不同,EP/85％ PA /15％ Lignin 和 EP/80％ PA/20％ DPDCEPO 体系基本相同,将 EP/80％ PA/20％ DPDCEPO、EP/70％ PA/20％ DPDCEPO/10％ Lignin 和 EP/65％ PA/20％ DPDCEPO/15％ Lignin 三个体系进行比较可以看出,随着木质素含量的增加,第一步的最大热失重速率呈现减小的趋势,第二步的热失重速率差别不明显,残炭量呈现逐渐增加的趋势;同氮气气氛下的热重测试相比,主要有以下几个不同方面:在空气气氛下 400～600 ℃ 的温度范围内,添加阻燃剂体系的 TGA 曲线在均在未添加阻燃剂体系 TGA 曲线的上方,这与氮气气氛下的测试恰好相反,如图 5-4(a)和图 5-5(a)的局部放大图所示,这主要是由于阻燃固化剂在空气的热氧化作用下发生分解生成磷酸类物质,磷酸类物质促进环氧树脂材料形成相对稳定的炭层,随着温度的继续升高,形成的炭层在热氧化作用下继续分解;阻燃后的环氧树脂体系均发生两步降解,这主要是由于空气的热氧化作用使降解初期形成的炭层二次分解;阻燃后的环氧树脂材料残炭量相对较低,这主要是由于空气的热氧化作用使炭层的分解更加完全。

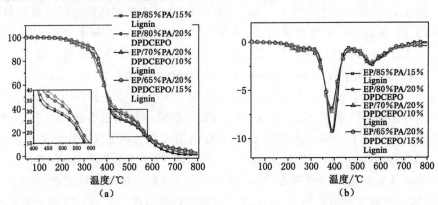

图 5-5　EP/PA/DPDCEPO/Lignin 体系在空气气氛下的 TGA(a)和 DTG(b)曲线

表 5-4　EP/PA/DPDCEPO/Lignin 体系在空气下的 TGA 数据

样品	$T_{initial}$ /℃	T_{max1} /℃	T_{max2} /℃	800 ℃时的残炭量 /％
EP/85％ PA/15％ Lignin	209.0	394.6	560.3	0.7
EP/80％ PA/20％ DPDCEPO	210.4	389.6	558.2	1.4

表 5-4(续)

样品	$T_{initial}$ /℃	T_{max1} /℃	T_{max2} /℃	800 ℃时的残炭量 /%
EP/70% PA/20% DPDCEPO /10% Lignin	197.0	381.6	559.5	2.5
EP/65% PA/20% DPDCEPO /15% Lignin	188.0	391.0	557.8	2.8

以上测试表明：木质素大分子结构的稳定性及其与 DPDCEPO 的协同作用使环氧树脂材料初始降解形成的炭层稳定性增强，提高了环氧树脂材料的成炭能力。

5.2.3 炭层表面的 SEM 分析

将极限氧指数的测试样条在空气中充分燃烧后，取其表面炭层，通过电子扫描电镜(SEM)观察，图 5-6 所示为四种不同体系炭层表面放大 3 000 倍后所观察到的图像。从图 5-6(a)中可以看出，EP/PA 体系中炭层呈现出松散、不均匀的较大孔洞；向 EP/PA 体系中加入阻燃固化剂 DPDCEPO 后，EP/80% PA/20% DPDCEPO 体系炭层表面观察到比较均一、致密的炭层，如图 5-6(b)所示；当用木质素替代 EP/PA 体系配方中的 PA 后，虽然炭层表面不够均一，但与 EP/PA 体系相比较，炭层中的孔洞明显变小，如图 5-6(c)所示；当用木质素替代 EP/80% PA/20% DPDCEPO 体系配方中的 PA 时，炭层表面呈现出更加均一、致密的炭层。测试结果表明：木质素的加入使环氧树脂的成炭能力增强，这一结果与锥形量热仪测试中的最终残炭量的结果相吻合。

5.2.4 环氧固化物 TGA-FTIR 分析

本章通过热重分析-红外光谱联用技术分别对 EP/80% PA/20% DPDCEPO 和 EP/65% PA/20% DPDCEPO/15% Lignin 两种不同组成的环氧固化体系进行检测，气相的热降解产物在不同温度下对应的红外光谱如图 5-7 所示。

从图 5-7(a)中可以看出，2 944 cm^{-1} 处的吸收峰归属为 C—H 键碎片吸收峰，2 368 cm^{-1} 处出现的吸收峰为二氧化碳吸收峰，1 256 cm^{-1} 和 1 176 cm^{-1} 处出现 —P=O 键和 P—O—C 键的特征吸收峰，—P=O 键和 P—O—C 键的吸收峰在 550 ℃时消失；从 5-7(b)中可以看出，除了 2 964 cm^{-1} 处出现的 C—H 键碎片吸收峰和 2 368 cm^{-1} 处出现的二氧化碳吸收峰外，在 1 256 cm^{-1} 和 1 176 cm^{-1} 处也出现了 —P=O 键和 P—O—C 键的特征吸收峰，但不同的是，EP/

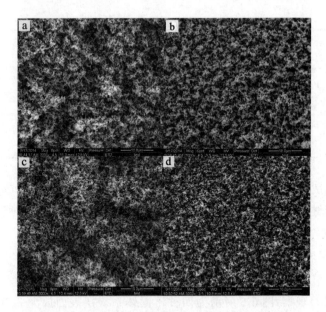

(a) EP/PA 组成样品放大 3 000 倍；

(b) EP/80% PA/20% DPDCEPO 组成样品放大 3 000 倍；

(c) EP/85% PA/15% Lignin 组成样品放大 3 000 倍；

(d) EP/65% PA/20% DPDCEPO/15% Lignin 组成样品放大 3 000 倍。

图 5-6　炭层表面的 SEM

20% DPDCEPO/65% PA/15% Lignin 体系的降解温度达到 550 ℃时，1 256 cm⁻¹ 和 1 176 cm⁻¹ 处仍有 —P═O 键和 P—O—C 键的特征吸收峰，说明 EP/65% PA/20% DPDCEPO/15% Lignin 体系在高温降解时仍有含磷化合物挥发到气相中。以上测试结果表明：木质素与阻燃固化剂 DPDCEPO 的协同作用改变了环氧树脂材料的降解过程，使环氧树脂材料在高温分解时仍能产生含磷化合物挥发到气相中发挥气相阻燃作用。

5.2.5　环氧固化物力学性能研究

表 5-5 中总结出了 EP/80% PA/20% DPDCEPO、EP/75% PA/20% DPDCEPO/5% Lignin、EP/70% PA/20% DPDCEPO/10% Lignin 和 EP/65% PA/20% DPDCEPO/15% Lignin 体系的力学性能。如表中数据所示，PA 和 DPDCEPO 共固化的环氧树脂样品的拉伸、弯曲和冲击强度分别为 47.5 MPa、93.2 MPa 和 4.2 kJ/m²。随着木质素替代 EP/80% PA/20% DPDCEPO 配方中 PA 含量的增加，力学性能呈现出逐渐下降的趋势。EP/75% PA/20% DPDCEPO/5% Lignin 体系的拉伸、弯曲和冲击强度分别为 42.3 MPa、89.6

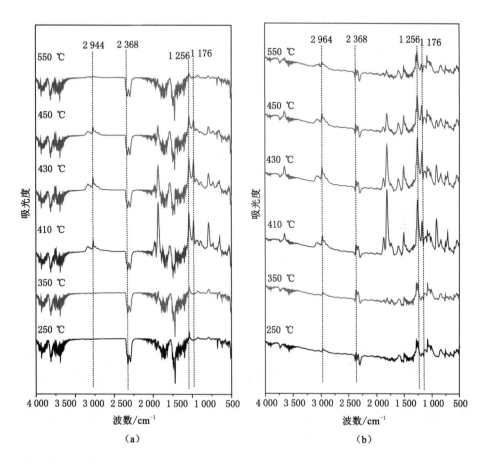

图 5-7 不同温度下 EP/80％ PA/20％ DPDCEPO 体系（a）和
EP/65％ PA/20％ DPDCEPO/15％ Lignin 体系（b）分解产物的 FTIR 谱图

MPa 和 3.8 kJ/m²，分别下降了 10.9％、3.9％和 9.5％。EP/70％ PA/20％
DPDCEPO/10％ Lignin 体系的拉伸、弯曲和冲击强度分别为 36.5 MPa、76.6
MPa 和 3.4 kJ/m²，分别下降了 23.2％、17.8％和 19.0％。EP/65％ PA/20％
DPDCEPO/15％ Lignin 体系的拉伸、弯曲和冲击强度分别为 30.3 MPa、54.3
MPa 和 2.9 kJ/m²，分别下降了 36.2％、41.7％和 30.9％。产生这种力学强度
快速下降的主要原因可能是木质素和 DPDCEPO 分子的空间阻碍作用使环氧
树脂材料的交联度降低；此外，随着木质素含量的增加，体系共混黏度逐渐增大，
材料的均匀程度降低，导致了环氧固化物界面缺陷较多，也是力学性能逐渐下降
的原因之一。

表 5-5　EP/PA/DPDCEPO/Lignin 体系的力学性能

样品	力学性能		
	拉伸强度/MPa	弯曲强度/MPa	冲击强度/(kJ/m²)
EP/80％ PA/20％ DPDCEPO	47.5±0.2	93.2±0.2	4.2±0.1
EP/75％ PA/20％ DPDCEPO/5％ Lignin	42.3±0.1	89.6±0.1	3.8±0.2
EP/70％ PA/20％ DPDCEPO/10％ Lignin	36.5±0.2	76.6±0.2	3.4±0.2
EP/65％ PA/20％ DPDCEPO/15％ Lignin	30.3±0.1	54.3±0.1	2.9±0.1

5.3　本章小结

（1）使用木质素替代 EP/80％ PA/20％ DPDCEPO 体系配方中的 PA 制备一系列环氧固化物。LOI 和 UL-94 测试结果表明：木质素能有效提高环氧固化物的 LOI 值和 UL-94 垂直燃烧级别；CONE 测试结果表明：随着木质素含量的增加，阻燃环氧树脂材料的 TTI、HRR、THR 等参数逐渐降低，残炭量逐渐升高，说明木质素的加入降低了材料的可燃性。

（2）采用氮气和空气气氛下的热重分析对 EP/85％ PA /15％ Lignin、EP/80％ PA/20％ DPDCEPO、EP/70％ PA/20％ DPDCEPO/10％ Lignin 和 EP/65％ PA/20％ DPDCEPO/15％ Lignin 体系的热降解行为进行研究，可以发现随着木质素含量的增加，环氧树脂材料的初始降解温度逐渐降低，残炭量逐渐升高，热重分析结果表明，木质素和阻燃固化剂 DPDCEPO 的协同作用使环氧树脂材料提前发生降解，并能够提高环氧树脂材料的成炭能力。

（3）扫描电镜结果表明：木质素的加入能够使环氧固化物形成更加均一、致密的炭层，证明 EP/PA/DPDCEPO/ Lignin 体系在凝聚相中起阻燃作用。

（4）通过 TGA-FTIR 对 EP/80％ PA/20％ DPDCEPO 和 EP/65％ PA/20％ DPDCEPO/15％ Lignin 体系进行测试。测试结果表明：木质素的加入使阻燃环氧树脂材料的降解过程发生变化，使环氧树脂材料在高温时仍能分解产生含磷化合物挥发到气相中，证明 EP/PA/DPDCEPO/Lignin 体系在高温时仍有气相阻燃机理存在。

（5）通过力学性能分析可以发现，随着木质素含量的增加，环氧树脂材料的拉伸、弯曲和冲击强度均受到负面的影响，表现出材料的拉伸、弯曲和冲击强度有所下降。

6　结　　论

本书设计、合成了三种新型的含磷阻燃固化剂,并将其应用于制备不同组成的环氧树脂固化物,研究其阻燃性能、热降解行为、阻燃机理、力学性能和耐水性能。此外,还研究了木质素与阻燃固化剂协效阻燃环氧树脂材料的阻燃性能、热降解行为等。研究结果如下:

(1) 分别以二苯基氧磷、对苯醌、马来酸和衣康酸为原料,合成了三种新型含磷阻燃固化剂 DPDHPPO、DPDCEPO 和 DPDCPPO,采用 FTIR、^{1}HNMP、^{13}CNMP、^{31}P NMR 等分析方法对其结构进行了表征,优化了反应条件。结果表明:DPDHPPO、DPDCEPO 和 DPDCPPO 三种阻燃固化剂的分子结构均与目标设计的分子结构相同;DPDHPPO 的最佳合成条件为:二苯基氧磷和对苯醌的物质的量比为 1∶1.2,甲苯作为溶剂,溶剂用量为 140 mL(0.1 mol 二苯基氧磷),反应温度为回流温度,反应时间 20 h,产率为 88.1%。DPDCEPO 的最佳合成条件为:二苯基氧磷和马来酸的物质的量比为 1∶1.2,丙酸作为溶剂,溶剂用量为 200 mL(0.2 mol 二苯基氧磷),反应温度为回流温度,反应时间 25 h,产率为 85.2%。DPDCPPO 的最佳合成条件为:二苯基氧磷和衣康酸的物质的量比为 1∶1.1,丙酸作为溶剂,溶剂用量为 180 mL(0.2 mol 二苯基氧磷),反应温度为回流温度,反应时间 20 h,产率为 87.4%。此外,通过 TGA 对三种阻燃固化剂的热降解行为进行了研究。结果表明:三种阻燃固化剂的热稳定和成炭性较低。

(2) 采用极限氧指数(LOI)、垂直燃烧测试(UL-94)和锥形量热仪(CONE)对 EP/PDA/DPDHPPO、EP/PA/DPDCEPO 和 EP/PA/DPDCPPO 体系的阻燃性能和燃烧行为进行了研究。当 DPDHPPO 的添加量达到 40% 时,EP/PDA/DPDHPPO 体系的 LOI 值为 31.9%,能够通过 UL-94 V-0 级;而 DPDCEPO 和 DPDCPPO 的添加量仅为 20% 时,EP/PA/DPDCEPO 和 EP/PA/DPDCPPO 体系的 LOI 值均可达到 33.2%,均能通过 UL-94 V-0 级,说明 DPDCEPO 和 DPDCPPO 的阻燃效率高于 DPDHPPO;CONE 测试结果表明:能通过 UL-94 V-0 级测试的环氧树脂材料的 HRR、THR 和 av-EHC 等重要参数得到降低,残炭量得到提高,但 EP/PDA/DPDHPPO 体系的残炭量高于 EP/PA/DPDCEPO 和 EP/PA/DPDCPPO 体系,阻燃效率低于 EP/PA/DPDCEPO 和 EP/PA/DPDCPPO 体系,说明 EP/PA/DPDCEPO 和 EP/PA/DPDCPPO 体

系主要发生气相阻燃机理。

(3) 在氮气和空气气氛下的热重分析结果表明:与未阻燃环氧树脂材料相比较,EP/PDA/DPDHPPO、EP/PA/DPDCEPO 和 EP/PA/DPDCPPO 体系的初始降解温度均有所提前,且降解后残炭量均高于未阻燃环氧树脂材料。表明三种阻燃固化剂均能促使环氧树脂材料提前降解,并使其成炭能力得到提高,但 EP/PDA/DPDHPPO 体系的成炭能力高于 EP/PA/DPDCEPO 和 EP/PA/DPDCPPO 体系。

(4) 通过 SEM、XPS 和 TGA-FTIR 等测试方法对不同组成的环氧固化物进行研究。SEM 测试表明:阻燃固化剂的加入能够提高环氧树脂的成炭能力,促进环氧树脂材料形成均一、致密的炭层,这种炭层覆盖于环氧树脂材料表面,阻止热量、氧气向材料内部的传递,有效保护材料内部基体。XPS 测试表明:阻燃固化剂的加入使环氧树脂材料在燃烧过程中在凝聚相产生磷酸类物质,这类物质促进了环氧树脂材料分解,使其成炭能力得到提高。TGA-FTIR 测试表明:环氧树脂材料在燃烧过程中有含磷化合物挥发到气相中,发挥气相阻燃机理作用。

(5) 分别对 EP/PDA、EP/PA、EP/PDA/DPDHPPO、EP/PA/DPDCEPO 和 EP/PA/DPDCPPO 进行了力学性能测试。测试结果表明:阻燃固化剂的加入对环氧树脂材料的拉伸强度、弯曲强度和冲击强度产生负面的影响,但 EP/PDA/DPDHPPO 体系力学性能下降的幅度要大于 EP/PA/DPDCEPO 和 EP/PA/DPDCPPO 体系。

(6) 分别对 EP/PDA/DPDHPPO、EP/PA/DPDCEPO 和 EP/PA/DPDCPPO 体系进行耐水测试。测试结果表明:随着阻燃固化剂含量的增加,阻燃环氧树脂材料的吸水率逐渐降低,且水处理对环氧树脂材料的阻燃性能、热稳定性和力学性能影响较小。

(7) 使用木质素替代不同配方中的 PA 制备一系列阻燃环氧树脂材料,研究其阻燃性能、燃烧行为和力学性能。LOI 和 UL-94 测试表明:木质素的加入可以提高环氧树脂材料的 LOI 值和阻燃级别。CONE 测试表明:木质素的加入可以使 HRR、THR、av-EHC 等参数降低,而残炭量得到提高。SEM 测试结果表明:木质素的加入可以提高环氧树脂材料的成炭能力,使其形成更加均一、致密的炭层。TGA-FTIR 测试表明:木质素的加入使环氧树脂材料在高温下仍有含磷化合物挥发到气相中发挥气相阻燃作用。力学性能测试结果表明:木质素的加入对环氧树脂材料的力学性能产生负面影响。以上测试结果证明木质素与阻燃固化剂的协同作用能有效影响环氧树脂材料的阻燃性能、燃烧行为和热稳定性能。

参 考 文 献

[1] 欧育湘,李建军. 阻燃剂:性能、制造及应用[M]. 北京:化学工业出版社,2008.

[2] 欧育湘,韩廷解. 发展阻燃材料防火灾于未然[J]. 新材料产业,2006(10):32-36.

[3] HO T H,WANG C S. Modification of epoxy resin with siloxane containing phenol aralkyl epoxy resin for electronic encapsulation application[J]. European Polymer Journal,2001,37(2):267-274.

[4] EL-TANTAWY F,KAMADA K,OHNABE H. In situ network structure, electrical and thermal properties of conductive epoxy resin-carbon black composites for electrical heater applications[J]. Materials Letters,2002,56(1):112-126.

[5] LEE M C,HO T H ,WANG C S. Synthesis of tetrafunctional epoxy resins and their modification with polydimethylsiloxane for electronic application [J]. Journal of Applied Polymer Science,1996,62(1):217-225.

[6] PRASSE T, CAVAILLE J Y, BAUHOFER W. Electric anisotropy of carbon nanofibre/epoxy resin composites due to electric field induced alignment[J]. Composites Science and Technology, 2003, 63 (13):1835-1841.

[7] PRICE D,GAO F,MILNES G J,et al. Laser pyrolysis/time-of-flight mass spectrometry studies pertinent to the behaviour of flame-retarded polymers in real fire situations[J]. Polymer Degradation and Stability,1999,64(3):403-410.

[8] KOROBEINICHEV O P,ILYIN S B,SHVARTSBERG V M,et al. The destruction chemistry of organophosphorus compounds in flames-I: Quantitative determination of final phosphorus-containing species in hydrogen-oxygen flames [J]. Combustion and Flame, 1999, 118 (4):718-726.

[9] LEE K,YOON K,KIM J,et al. Effect of novolac phenol and oligomeric aryl phosphate mixtures on flame retardanceenhancement of ABS[J].

Polymer Degradation and Stability,2003,81(1):173-179.

[10] HUANG Z G,SHI W F. Thermal degradation behavior of hyperbranched polyphosphate acrylate/tri (acryloyloxyethyl) phosphate as an intumescent flame retardant system [J]. Polymer Degradation and Stability,2007,92(7):1193-1198.

[11] CAMINO G, MARTINASSO G, COSTA L. Thermal degradation of pentaerythritol diphosphate, model compound for fire retardant intumescent systems: Part I. Overall thermal degradation[J]. Polymer Degradation and Stability,1990,27(3):285-296.

[12] XIAO J F, HU Y, YANG L, et al. Fire retardant synergism between melamine and triphenyl phosphate in poly(butylene terephthalate)[J]. Polymer Degradation and Stability,2006,91(9):2093-210.

[13] JI Y,KIM J,BAE J -Y. Flame-retardant ABS resins from novel phenyl isocyanate blocked novolac phenols and triphenyl phosphate[J]. Journal of Applied Polymer Science,2006,102(1):721-728.

[14] COSTA L, MONTELERA L R D, CAMINO G, et al. Flame-retardant properties of phenol-formaldehyde-type resins and triphenyl phosphate in styrene-acrylonitrile copolymers[J]. Journal of Applied Polymer Science, 1998,68(7):1067-1076.

[15] ZHANG H K,XU M J,LI B. Synthesis of a novel phosphorus-containing flame retardant curing agent and its application in epoxy resins[J]. Journal of Nanoscience and Nanotechnology,2016,16:2811-2821.

[16] ZHANG H K, XU M, LI B. Synthesis of a novel phosphorus-containing curing agent and its effects on the flame retardancy,thermal degradation and moisture resistance of epoxy resins [J]. Polymers for Advanced Technologies,2016,27(7):860-871.

[17] 贡长生. 积极开发磷—氮系阻燃剂[J]. 现代化工,1996,16(2):14-17.

[18] CHANG Y L, WANG Y Z, BAN D M, et al. A novel phosphorus-containing polymer as a highly effective flame retardant [J]. Macromolecular Materials and Engineering,2004,289(8):703-707.

[19] ARTNER J, CIESIELSKI M, WALTER O, et al. A novel DOPO-based diamine as hardener and flame retardant for epoxy resin systems[J]. Macromolecular Materials and Engineering,2008,293(6):503-514.

[20] YU D, KLEEMEIER M, WU G M, et al. Phosphorus and silicon

containing low-melting organic-inorganic glasses improve flame retardancy of epoxy/clay composites[J]. Macromolecular Materials and Engineering,2011,296(10):952-964.

[21] WANG C S, LIAO Z K. Synthesis of high purity o-cresol formaldehyde novolac epoxy resins[J]. Polymer Bulletin,1991,25(5):559-565.

[22] WANG X, HU Y, SONG L, et al. Thermal degradation mechanism of flame retarded epoxy resins with a DOPO-substitued organophosphorus oligomer by TG-FTIR and DP-MS[J]. Journal of Analytical and Applied Pyrolysis,2011,92(1):164-170.

[23] LEU T S. Structure and characterization for conterminously linked polymer of short-chain epoxy resin with triallyl isocyanurate and bismaleimide[J]. Journal of Applied Polymer Science, 2006, 102 (3): 2470-2480.

[24] LIU Y L. Flame-retardant epoxy resins from novel phosphorus-containing novolac[J]. Polymer,2001,42(8):3445-3454.

[25] LIU W C, VARLEY R J, SIMON G P. Phosphorus-containing diamine for flame retardancy of high functionality epoxy resins. Part II. The thermal and mechanical properties of mixed amine systems[J]. Polymer,2006,47 (6):2091-2098.

[26] YOUSSEF B, LECAMP L, KHATIB W E, et al. New phosphonated methacrylates: synthesis, photocuring and study of their thermal and flame-retardant properties[J]. Macromolecular Chemistry and Physics, 2003,204(15):1842-1850.

[27] MERCADO L A, RIBERA G, GALIÀ M, et al. Curing studies of epoxy resins with phosphorus-containing amines[J]. Journal of Polymer Science Part A:Polymer Chemistry,2006,44(5):1676-1685.

[28] SUN D C, YAO Y W. Synthesis of three novel phosphorus-containing flame retardants and their application in epoxy resins [J]. Polymer Degradation and Stability,2011,96(10):1720-1724.

[29] ESPINOSA M A, GALIÀ M, CÀDIZ V. Novel flame-retardant thermosets:Phosphine oxide-containing diglycidylether as curing agent of phenolic novolac resins[J]. Journal of Polymer Science Part A:Polymer Chemistry,2004,42(14):3516-3526.

[30] KUMAR S A, DENCHEV Z. Development and characterization of

phosphorus-containing siliconized epoxy resin coatings[J]. Progress in Organic Coatings,2009,66(1):1-7.

[31] LEVCHIK S V, WEIL E D. Thermal decomposition, combustion and flame-retardancy of epoxy resins? a review of the recent literature[J]. Polymer International,2004,53(12):1901-1929.

[32] REN H, SUN J Z, WU B J, et al. Synthesis and properties of a phosphorus-containing flame retardant epoxy resin based on bis-phenoxy (3-hydroxy) phenyl phosphine oxide [J]. Polymer Degradation and Stability,2007,92(6):956-961.

[33] XU M J, ZHAO W, LI B, et al. Synthesis of a phosphorus and sulfur-containing aromatic diamine curing agent and its application in flame retarded epoxy resins[J]. Fire and Materials,2015,39(5):518-532.

[34] WU K, SONG L, HU Y, et al. Synthesis and characterization of a functional polyhedral oligomeric silsesquioxane and its flame retardancy in epoxy resin[J]. Progress in Organic Coatings,2009,65(4):490-497.

[35] SPONTÓN M,RONDA J C,GALIÀ M,et al. Cone calorimetry studies of benzoxazine-epoxy systems flame retarded by chemically bonded phosphorus or silicon[J]. Polymer Degradation and Stability, 2009, 94 (1):102-106.

[36] QIAN L J,YE L J,XU G Z,et al. The non-halogen flame retardant epoxy resin based on a novel compound with phosphaphenanthrene and cyclotriphosphazene double functional groups[J]. Polymer Degradation and Stability,2011,96(6):1118-1124.

[37] LIANG B,CAO J,HONG X D,et al. Synthesis and properties of a novel phosphorous-containing flame-retardant hardener for epoxy resin[J]. Journal of Applied Polymer Science,2013,128(5):2759-2765.

[38] KAHRAMAN M V,KAYAMAN-APOHAN N,ARSU N,et al. Flame retardance of epoxy acrylate resin modified with phosphorus containing compounds[J]. Progress in Organic Coatings,2004,51(3):213-219.

[39] WANG C S, SHIEH J Y. Synthesis and properties of epoxy resins containing bis (3-hydroxyphenyl) phenyl phosphate [J]. European Polymer Journal,2000,36(3):443-452.

[40] FAGHIHI K, ZAMANI K. Synthesis and properties of novel flame-retardant poly(amide-imide)s containing phosphine oxide moieties in main

chain by microwave irradiation[J]. Journal of Applied Polymer Science, 2006,101(6):4263-4269.

[41] 欧育湘. 实用阻燃技术[M]. 北京:化学工业出版社,2002.

[42] HORROEKS A R, PRICE D. Fire retardant material[M]. Cambridge: Woodhead Publishing Ltd and CRC Press LLC,2001.

[43] 沈永清,张信贞,庄学平,等. 高分子阻燃机制及原理[J]. 化工资讯,1995, 9:15-18.

[44] 蔡永源. 现代阻燃技术手册[M]. 北京:化学工业出版社,2008.

[45] PAWLOWSKI K H, SCHARTEL B. Flame retardancy mechanisms of triphenyl phosphate,resorcinol bis(diphenyl phosphate) and bisphenol a bis(diphenyl phosphate) in polycarbonate/acrylonitrile-butadiene-styrene blends[J]. Polymer International,2007,56(11):1404-1414.

[46] 夏新年. 几种新型磷/氮阻燃环氧树脂的合成与性能研究[D]. 长沙:湖南大学,2006.

[47] RAVEY M,KEIDAR I,WEIL E D,et al. Flexible polyurethane foam. II. Fire retardation by tris (1,3-dichloro-2-propyl) phosphate part a. examination of the vapor phase (the flame)[J]. Journal of Applied Polymer Science,1998,68(2):217-229.

[48] WANG C S,LIN C H. Synthesis and properties of phosphorus-containing epoxy resins by novel method[J]. Journal of Polymer Science Part A: Polymer Chemistry,1999,37(21):3903-3909.

[49] WANG J Q, DU J X, ZHU J, et al. An XPS study of the thermal degradation and flame retardant mechanism of polystyrene-clay nanocomposites[J]. Polymer Degradation and Stability, 2002, 77 (2): 249-252.

[50] RANDOUX T, VANOVERVELT J C, VAN DEN BERGEN H,et al. Halogen-free flame retardant radiation curable coatings[J]. Progress in Organic Coatings,2002,45(2/3):281-289.

[51] 欧育湘,陈宇,王筱梅. 阻燃高分子材料[M]. 北京:国防工业出版社,2001.

[52] 赵巍. 新型芳基膦和氧化膦的合成及其阻燃聚合物研究[D]. 哈尔滨:东北林业大学,2012.

[53] CHEN G H,YANG B,WANGY Z. A novel flame retardant of spiroeyclic pentaery thritol Bisphosphorate for epoxy resins[J]. Journal of Applied Polymer Science,2006,102(5):4978-4982.

[54] XIA X N, LU Y B, ZHOU X, et al. Synthesis of novel phosphorous-containing biphenol, 2-(5, 5-dimethyl-4-phenyl-2-oxy-1, 3, 2-dioxaphosphorin-6-yl)-1, 4-benzenediol and its application as flame-retardant in epoxy resin[J]. Journal of Applied Polymer Science, 2006, 102(4):3842-3847.

[55] TOLDY A, ANNA P, CSONTOS I, et al. Intrinsically flame retardant epoxy resin-Fire performance and background-Part I [J]. Polymer Degradation and Stability, 2007, 92(12):2223-2230.

[56] LI Y, ZHENG H B, XU M J, et al. Synthesis of a novel phosphonate flame retardant and its application in epoxy resins [J]. Journal of Applied Polymer Science, 2015, 132(45).

[57] PEREZ R M, SANDLER J K W, ALTSTÄDT V, et al. Novel phosphorus-modified polysulfone as a combined flame retardant and toughness modifier for epoxy resins[J]. Polymer, 2007, 48(3):778-790.

[58] TIAN N N, WEN X, GONG J, et al. Synthesis and characterization of a novel organophosphorus flame retardant and its application in polypropylene[J]. Polymers for Advanced Technologies, 2013, 24(7):653-659.

[59] UDHAKARA P, KANNAN P. Diglycidylphenylphosphate based fire retardant liquid crystalline thermosets [J]. Polymer Degradation and Stability, 2009, 94(4):610-616.

[60] LIU W S, WANG Z G, XIONG L, et al. Phosphorus-containing liquid cycloaliphatic epoxy resins for reworkable environment-friendly electronic packaging materials[J]. Polymer, 2010, 51(21):4776-4783.

[61] 周浩,王丹,张士磊,等. 双季戊四醇二亚磷酸酯阻燃剂的合成[J]. 南京师范大学学报(工程技术版),2010,10(2):48-52.

[62] 闫晓红,赵庭栋.一种含磷阻燃剂-亚磷酸酯的合成[C]// 塑料助剂生产应用技术、信息交流会论文集,2010,240-242.

[63] LIU Y L. Flame-retardant epoxy resins from novel phosphorus-containing novolac[J]. Polymer, 2001, 42(8):3445-3454.

[64] LIN C H, LIN H T, CHANG S L, et al. Benzoxazines with tolyl, p-hydroxyphenyl or p-carboxyphenyl linkage and the structure-property relationship of resulting thermosets [J]. Polymer, 2009, 50 (10): 2264-2272.

[65] SPONTÓN M, LLIGADAS G, RONDA J C, et al. Development of a DOPO-containing benzoxazine and its high-performance flame retardant copolybenzoxazines[J]. Polymer Degradation and Stability,2009,94(10): 1693-1699.

[66] LIN H T, LIN C H, HU Y M, et al. An approach to develop high-Tg epoxy resins for halogen-free copper clad laminates[J]. Polymer,2009,50 (24):5685-5692.

[67] SCHÄFER A, SEIBOLD S, WALTER O, et al. Novel high Tg flame retardancy approach for epoxy resins [J]. Polymer Degradation and Stability,2008,93(2):557-560.

[68] WANG C S, SHIEH J Y. Synthesis and properties of epoxy resins containing 2-(6-oxid-6H-dibenz[c, e][1, 2]oxaphosphorin-6-yl)1, 4-benzenediol[J]. Polymer,1998,39(23):5819-5826.

[69] WANG C S, YUEH SHIEH J. Synthesis and flame retardancy of phosphorus containing polycarbonate[J]. Journal of Polymer Research, 1999,6(3):149-154.

[70] WANG C S,LIN C H. Synthesis and properties of phosphorus containing advanced epoxy resins[J]. Journal of Applied Polymer Science,2000,75 (3):429-436.

[71] WANG C S, SHIEH J Y. Phosphorus-containing dihydric phenol or naphthol-advanced epoxy resin or cured:US6291626[P]. 2001-09-18.

[72] SHIEH J Y,WANG C S. Effect of the organophosphate structure on the physical and flame-retardant properties of an epoxy resin[J]. Journal of Polymer Science Part A:Polymer Chemistry,2002,40(3):369-378.

[73] WANG Q F,SHI W F. Synthesis and thermal decomposition of a novel hyperbranched polyphosphate ester used for flame retardant systems[J]. Polymer Degradation and Stability,2006,91(6):1289-1294.

[74] LIN C H,WU C Y,WANG C S. Synthesis and properties of phosphorus-containing advanced epoxy resins. II[J]. Journal of Applied Polymer Science,2000,78(1):228-235.

[75] LIANG B,CAO J,HONG X D,et al. Synthesis and properties of a novel phosphorous-containing flame-retardant hardener for epoxy resin [J]. Journal of Applied Polymer Science,2013,128(5):2759-2765

[76] CHO C S,FU S C,CHEN L W,et al. Aryl phosphinate anhydride curing

for flame retardant epoxy networks[J]. Polymer International,1998,47 (2):203-209.

[77] CHEN L W,FU S C,CHO C S. Kinetics of aryl phosphinate anhydride curing of epoxy resins using differential scanning calorimetry[J]. Polymer International,1998,46(4):325-330.

[78] WANG C S,LIN C H. Properties and curing kinetic of diglycidyl ether of bisphenol a cured with a phosphorus-containing diamine[J]. Journal of Applied Polymer Science,1999,74(7):1635-1645.

[79] LIU Y L. Epoxy resins from novel monomers with a bis-(9,10-dihydro-9-oxa-10-oxide-10-phosphaphenanthrene-10-yl-) substituent[J]. Journal of Polymer Science Part A:Polymer Chemistry,2002,40(3):359-368.

[80] CHUI Y S,JIANG M D,LIU Y L. Phosphorus-containing compounds and their use in flame Retardance:US6441067[P]. 2002-08-27.

[81] LIN C H,CAI S X, LIN C H. Flame-retardant epoxy resins with high glass-transition temperatures. II. Using a novel hexafunctional curing agent: 9, 10-dihydro-9-oxa-10-phosphaphenanthrene 10-yl-tris (4-aminophenyl) methane[J]. Journal of Polymer Science Part A:Polymer Chemistry,2005,43(23):5971-5986.

[82] JUST B ,DITTRIEH U,KELLER H,et al. Amino derivatives of dibenz [c, e] [1, 2]-oxaphosphorine-6-oxides method for production and use thereof:WIPO 2006084489[P]. 2006-08-17.

[83] SCHARTEL B,BRAUN U,BALABANOVICH A I,et al. Pyrolysis and fire behaviour of epoxy systems containing a novel 9,10-dihydro-9-oxa-10-phosphaphenanthrene-10-oxide-(DOPO)-based diamino hardener [J]. European Polymer Journal,2008,44(3):704-715.

[84] CHIU Y S, LIU Y L, WEI W L, et al. Using diethylphosphites as thermally latent curing agents for epoxy compounds [J]. Journal of Polymer Science Part A:Polymer Chemistry,2003,41(3):432-440.

[85] PEREZ R M,SANDLER J K W,ALTSTÄDT V,et al. Effect of DOP-based compounds on fire retardancy, thermal stability, and mechanical properties of DGEBA cured with 4, 4'-DDS[J]. Journal of Materials Science,2006,41(2):341-353.

[86] WU Z J, LI J L, CHEN Y P, et al. Synthesis and liquid oxygen compatibility of a phosphorous-containing epoxy resin [J]. Polymer

Engineering & Science,2015,55(3):651-656.

[87] HERGENROTHER P M,THOMPSON C M,SMITH J G Jr,et al. Flame retardant aircraft epoxy resins containing phosphorus[J]. Polymer,2005, 46(14):5012-5024.

[88] TROFIMOV B A, GUSAROVA N K, MALYSHEVA S F, et al. Superbase-induced generation of phosphide and phosphinite ions as applied in organic synthesis[J]. Phosphorus,Sulfur,and Silicon and the Related Elements,1991,55(1):271-274.

[89] GUSAROVA N K, ARBUZOVA S N, SHAIKHUDINOVA S I, et al. Tris [(5-chloro-2-thienyl) methyl] phosphine oxide from elemental phosphorus and 2-chloro-5-(chloromethyl) thiophene[J]. Phosphorus, Sulfur,and Silicon and the Related Elements,2001,175(1):163-167.

[90] YOSHLKL N, KAGUSHIGE H, CHLHIRO Y. Process for producing triphenyl phosphine:US4212831[P]. 1980-07-15.

[91] AI H, XU K, LIU H, et al. Synthesis, characterization, and curing properties of novel phosphorus-containing naphthyl epoxy systems[J]. Journal of Applied Polymer Science,2009,113(1):541-546.

[92] HSU W H,SHAU M D. The properties of epoxy-imide resin cured by cyclic phosphine oxide diacid[J]. Journal of Applied Polymer Science, 1996,62(2):427-433.

[93] WANG T S,SHAU M D. Properties of Epon 828 resin cured by cyclic phosphine oxide tetra acid[J]. Journal of Applied Polymer Science,1998, 70(10):1877-1885.

[94] 唐旭东,韦伟,陈晓婷.阻燃剂双(对羧苯基)苯基氧化膦的合成[J].化学试剂,2005,27(8):497-499.

[95] MAUERER O. New reactive, halogen-free flame retardant system for epoxy resins[J]. Polymer Degradation and Stability,2005,88(1):70-73.

[96] WANG T S, YEH J F,SHAU M D. Syntheses,structure,reactivity,and thermal properties of epoxy-imide resin cured by phosphorylated triamine [J]. Journal of Applied Polymer Science,1996,59(2):215-225.

[97] LI Z, LIU J G, GAO Z Q, et al. Organo-soluble and transparent polyimides containing phenylphosphine oxide and trifluoromethyl moiety: Synthesis and characterization[J]. European Polymer Journal,2009,45 (4):1139-1148.

[98] XU M J,ZHAO W,LI B. Synthesis of a novel curing agent containing organophosphorus and its application in flame-retarded epoxy resins[J]. Journal of Applied Polymer Science,2014,131(23).

[99] YU J, REIKO M. Method for manufacturing optically active hydroxyketone:JP2004000175[P]. 2004-01-08.

[100] KANG S K , HUNG G C . Flame retardant epoxy resin,preparation method of thereof and flame retardant epoxy resin composition including thereof:TWI583714[P]. 2017-05-21.

[101] SPONTÓN M,RONDA J C,GALIÀ M,et al. Flame retardant epoxy resins based on diglycidyl ether of (2,5-dihydroxyphenyl) diphenyl phosphine oxide [J]. Journal of Polymer Science Part A:Polymer Chemistry,2007,45(11):2142-2151.

[102] 吴毅为,汪毓海,王燕平,等. 4,4'-二氨基二苯基醚四缩水甘油胺的合成 [J].首都师范大学学报(自然科学版),1997,18(3):73-75.

[103] 郝志勇,李玲.印制电路板用无卤无磷阻燃型环氧树脂研究动态[J].化工技术与开发,2008,37(3):36-40.

[104] ZHANG X H,WAN H M,MIN Y Q,et al. Novel nitrogen-containing epoxy resin. I. Synthetic kinetics [J]. Journal of Applied Polymer Science,2005,96(3):723-731.

[105] 王成忠,石萌萌,黄丽.噁唑烷酮环氧树脂的研究进展[J].高分子通报, 2012(7):43-50.

[106] 陈伟明,王成忠,梁胜彪,等.新型噁唑烷酮环氧树脂的合成与性能研究 [J].化工新型材料,2005,33(10):29-31.

[107] 徐伟箭,周晓,夏新年.新型含氮阻燃环氧树脂的合成与性能[J].湖南大学学报(自然科学版),2006,33(4):72-75.

[108] EBDON J R, HUNT B J, JOSEPH P. Thermal degradation and flammability characteristics of some polystyrenes and poly (methyl methacrylate)s chemically modified with silicon-containing groups[J]. Polymer Degradation and Stability,2004,83(1):181-185.

[109] ZHONG H F,WU D,WEI P,et al. Synthesis,characteristic of a novel additive-type flame retardant containing silicon and its application in PC/ABS alloy[J]. Journal of Materials Science,2007,42(24):10106-10112.

[110] ZHONG H F,WEI P,JIANG P K,et al. Thermal degradation behaviors and flame retardancy of PC/ABS with novel silicon-containing flame

retardant[J]. Fire and Materials,2007,31(6):411-423.

[111] KELARAKIS A, HAYRAPETYAN S, ANSARI S, et al. Clay nanocomposites based on poly (vinylidene fluoride-co-hexafluoropropylene): Structure and properties[J]. Polymer, 2010, 51 (2):469-474.

[112] HERRERA ALONSO R, ESTEVEZ L, LIAN H Q, et al. Nafion-clay nanocomposite membranes: Morphology and properties [J]. Polymer, 2009,50(11):2402-2410.

[113] SPONTÓN M,MERCADO L A,RONDA J C,et al. Preparation,thermal properties and flame retardancy of phosphorus- and silicon-containing epoxy resins [J]. Polymer Degradation and Stability, 2008, 93 (11): 2025-2031.

[114] YANG S, WANG J, HUO S Q, ET A L. Synthesis of a phosphorus/ nitrogen-containing additive with multifunctional groups and its flame-retardant effect in epoxy resin[J]. Industrial & Engineering Chemistry Research,2015,54:7777-7786.

[115] XIONG Y Q, JIANG Z J, XIE Y Y, et al. Development of a DOPO-containing melamine epoxy hardeners and its thermal and flame-retardant properties of cured products[J]. Journal of Applied Polymer Science,2013,127(6):4352-4358.

[116] EL GOURI M, EL BACHIRI A, HEGAZI S E, et al. Thermal degradation of a reactive flame retardant based on cyclotriphosphazene and its blend with DGEBA epoxy resin[J]. Polymer Degradation and Stability,2009,94(11):2101-2106.

[117] XU M J,ZHAO W, LI B, et al. Synthesis of a phosphorus and sulfur-containing aromatic diamine curing agent and its application in flame retarded epoxy resins[J]. Fire and Materials,2015,39(5):518-532.

[118] WANG Z H,WEI P,QIAN Y,et al. The synthesis of a novel graphene-based inorganic-organic hybrid flame retardant and its application in epoxy resin[J]. Composites Part B:Engineering,2014,60:341-349.

[119] XU M J, MA Y, HOU M J, et al. Synthesis of a cross-linked triazine phosphine polymer and its effect on fire retardancy,thermal degradation and moisture resistance of epoxy resins[J]. Polymer Degradation and Stability,2015,119:14-22.

[120] XU G R,XU M J,LI B. Synthesis and characterization of a novel epoxy resin based on cyclotriphosphazene and its thermal degradation and flammability performance[J]. Polymer Degradation and Stability,2014, 109:240-248.

[121] LIU H, WANG X D, WU D Z. Synthesis of a novel linear polyphosphazene-based epoxy resin and its application in halogen-free flame-resistant thermosetting systems [J]. Polymer Degradation and Stability,2015,118:45-58.

[122] 刘纲勇,李忠军,葛虹.工业木质素性质对 LPF 胶粘剂性能的影响[J].科技创新导报,2011,8(12):50-51.

[123] 蒋挺大.木质素[M].北京:化学工业出版社,2001.

[124] 冯攀,谌凡更.木质素在环氧树脂合成中的应用进展[J].纤维素科学与技术,2010,18(2):54-60.

[125] NONAKA Y, TOMITA B, HATANO Y. Synthesis of lignin /epoxy resins in aqueous systems and their properties[J]. Holzforschung,1997, 51(2):183-187.

[126] FELDMAN D,BANU D,NATANSOHN A,et al. Structure-properties relations of thermally cured epoxy-lignin polyblends [J]. Journal of Applied Polymer Science,1991,42(6):1537-1550.

[127] 林玮,程贤甦.高沸醇木质素环氧树脂的合成与性能研究[J].纤维素科学与技术,2007,15(2):8-12.

[128] NAKAMURA Y,SAWADA T,KUNO K,et al. Resinification of woody lignin and its characteristics on safety and biodegradation[J].Journal of Chemical Engineering of Japan,2001,34(10):1309-1312.

[129] NONAKA Y, TOMITA B, HATANO Y. Synthesis of lignin /epoxy resins in aqueous systems and their properties[J]. Holzforschung,1997, 51(2):183-187.

[130] 胡春平,方桂珍,王献玲,等.麦草碱木质素基环氧树脂的合成[J].东北林业大学学报,2007,35(4):53-55.

[131] ZHAO B Y,FAN Y Z,HU K,et al. Development of lignin epoxide-A potential matrix of resin matrix composite [J]. Journal of WuHan University of Technology (Materials Science Edition),2000,15(3): 6-12.

[132] TAN T T M. Cardanol-lignin-based epoxy resins:Synthesis and

characterization[J]. Journal of Polymer Materials,1996,13(3):195-199.

[133] FENG P, CHEN F G. Preparation and characterization of acetic acid lignin-based epoxy blends[J]. Bioresources,2012,7(3):2860-2870.

[134] 李梅,夏建陵,杨小华.木质素磺酸钠合成水性环氧固化剂的研究[J].林产化学与工业,2011,31(2):53-57.

[135] 程贤甦.一种溶剂型木质素改性环氧树脂固化剂及其制备方法:CN102134305A[P].2011-07-27.

[136] LU S Y, HAMERTON I. Recent developments in the chemistry of halogen-free flame retardant polymers[J]. Progress in Polymer Science, 2002,27(8):1661-1712.

[137] HORROCKS A R. Flame retardant challenges for textiles and fibres: New chemistry versus innovatory solutions[J]. Polymer Degradation and Stability,2011,96(3):377-392.

[138] LAOUTID F,BONNAUD L,ALEXANDRE M,et al. New prospects in flame retardant polymer materials:from fundamentals to nanocomposites [J]. Materials Science and Engineering,2009,63(3):100-125.

[139] 中国石油和化学工业协会.塑料 用氧指数法测定燃烧行为 第2部分:室温试验:GB/T 2406.2—2009[S].北京:中国标准出版社,2010.

[140] 中华人民共和国国家质量监督检验检疫总局,中国国家标准化管理委员会.塑料 燃烧性能的测定 水平法和垂直法:GB/T 2408—2008[S].北京:中国标准出版社,2009.

[141] JOSEPH P,TRETSIAKOVA-MCNALLY S. Reactive modifications of some chain- and step-growth polymers with phosphorus-containing compounds:effects on flame retardance:a review [J]. Polymers for Advanced Technologies,2011,22(4):395-406.

[142] LEU T S,WANG C S. Synergistic effect of a phosphorus-nitrogen flame retardant on engineering plastics [J]. Journal of Applied Polymer Science,2004,92(1):410-417.

[143] SCHÄFER A,SEIBOLD S,WALTER O,et al. Novel high Tg flame retardancy approach for epoxy resins [J]. Polymer Degradation and Stability,2008,93(2):557-560.

[144] SPONTÓN M,RONDA J C,GALIÀ M,et al. Cone calorimetry studies of benzoxazine-epoxy systems flame retarded by chemically bonded phosphorus or silicon[J]. Polymer Degradation and Stability,2009,94

(1):102-106.

[145] RIBERA G, MERCADO L A, GALIÀ M, et al. Flame retardant epoxy resins based on diglycidyl ether of isobutyl bis (hydroxypropyl) phosphine oxide[J]. Journal of Applied Polymer Science, 2006, 99 (4): 1367-1373.

[146] JOSÉ ALCÓN M, RIBERA G, GALIÀ M, et al. Synthesis, characterization and polymerization of isobutylbis(glycidylpropylether) phosphine oxide[J]. Polymer, 2003, 44(24):7291-7298.

[147] SPONTÓN M, RONDA J C, GALIÀ M, et al. Studies on thermal and flame retardant behaviour of mixtures of bis (m-aminophenyl) methylphosphine oxide based benzoxazine and glycidylether or benzoxazine of Bisphenol A [J]. Polymer Degradation and Stability, 2008, 93(12):2158-2165.

[148] SCHÄFER A, SEIBOLD S, LOHSTROH W, et al. Synthesis and properties of flame-retardant epoxy resins based on DOPO and one of its analog DPPO[J]. Journal of Applied Polymer Science, 2007, 105(2):685-696.

[149] DENG J, SHI W F. Synthesis and effect of hyperbranched (3-hydroxyphenyl) phosphate as a curing agent on the thermal and combustion behaviours of novolac epoxy resin[J]. European Polymer Journal, 2004, 40(6):1137-1143.

[150] 李斌. PVC 抑烟、阻燃机理的 XPS/CONE 研究[D]. 北京:北京理工大学, 1997.

[151] 李斌, 王建祺. 聚合物材料燃烧性和阻燃性的评价——锥形量热仪(CONE)法[J]. 高分子材料科学与工程, 1998, 14(5):15-19.

[152] LEVCHIK S V, CAMINO G, LUDA M P, et al. Epoxy resins cured with aminophenylmethylphosphine oxide: II. Mechanism of thermal decomposition [J]. Polymer Degradation and Stability, 1998, 60 (1): 169-183.

[153] MA H Y, TONG L F, XU Z B, et al. A novel intumescent flame retardant: Synthesis and application in ABS copolymer [J]. Polymer Degradation and Stability, 2007, 92(4):720-726.

[154] BRAUN U, BALABANOVICH A I, SCHARTEL B, et al. Influence of the oxidation state of phosphorus on the decomposition and fire

behaviour of flame-retarded epoxy resin composites[J]. Polymer,2006,47(26):8495-8508.

[155] WU Z J, LI J L, CHEN Y P, et al. Synthesis and liquid oxygen compatibility of a phosphorous-containing epoxy resin[J]. Polymer Engineering and Science,2015,55(3):651-656

[156] 于柱. 有机/无机纳米复合改性环氧树脂研究[D]. 沈阳:沈阳理工大学,2008.